无人机系统研究

基于深度学习的
无人机检测算法研究

彭月平　蒋镕圻　郑　璐　叶泽聪　　著
郝鹤翔　沈　瑜　朱彦飞

西北工业大学出版社

西　安

【内容简介】 无人机检测是无人机反制领域的研究热点与难点。本书以深度学习算法模型为基础，对可见光和红外背景下无人机目标检测算法展开研究，为无人机目标快速识别和精准定位提供技术支撑。

本书可作为高等学校目标检测、图像处理、视频分析、模式识别、信息融合，以及人工智能等领域相关专业高年级本科生和研究生的学习用书，也可作为相关科研人员的阅读和参考用书。

图书在版编目(CIP)数据

基于深度学习的无人机检测算法研究 / 彭月平等著.
西安 : 西北工业大学出版社，2024. 11. -- ISBN 978 - 7 -
5612 - 9622 - 6

Ⅰ. V279

中国国家版本馆 CIP 数据核字第 2024JA5097 号

JIYU SHENDU XUEXI DE WURENJI JIANCE SUANFA YANJIU

基 于 深 度 学 习 的 无 人 机 检 测 算 法 研 究

彭月平 蒋镕圻 郑璐 叶泽聪
郝鹤翔 沈瑜 朱彦飞 著

责任编辑：王 水	策划编辑：杨 军	
责任校对：成 瑶	装帧设计：高永斌 李 飞	

出版发行：西北工业大学出版社
通信地址：西安市友谊西路 127 号   邮编：710072
电　　话：(029)88491757，88493844
网　　址：www.nwpup.com
印 刷 者：陕西向阳印务有限公司
开　　本：787 mm×1 092 mm   1/16
印　　张：9.25
字　　数：231 千字
版　　次：2024 年 11 月第 1 版   2024 年 11 月第 1 次印刷
书　　号：ISBN 978 - 7 - 5612 - 9622 - 6
定　　价：49.00 元

前　言

近年来,低空空域以无人机为载体的非法测绘、禁飞区飞行、恐怖袭击等袭扰暴恐事件频发,造成的安全隐患风险持续增加,对世界各国空域安全构成严重威胁,因此,研究和发展反无人机技术是应对低空空域安全威胁的必然要求,而高效、准确的无人机目标检测,是无人机反制过程中的关键环节。与传统检测方法相比,基于深度神经网络的目标检测方法凭借其强大的特征提取和学习能力,能够从复杂图像中提取特征并进行分层表示,使得设计基于深度神经网络的目标检测算法成为当前复杂背景下提升无人机目标检测性能的有效途径,可为入侵无人机目标的快速识别和精准定位提供有力保障,对提升低空领域安防能力具有重要的意义。

本书聚焦无人机目标检测领域,以基于深度学习的无人机目标检测问题为研究对象,以可见光和红外视频图像数据为基础,利用深度学习相关理论方法,对无人机目标数据集构建、高分辨率图像下弱小无人机目标检测、复杂背景下多尺度无人机目标检测和红外多尺度无人机目标检测,以及红外弱小无人机目标检测等内容进行了研究和探讨,给出了相关理论研究成果和仿真实验数据及应用效果,并对相关问题的研究进展和基础理论知识进行了阐述和介绍。全书共分为 8 章,内容编排从结构上可分为三个部分。

第一部分为研究问题概述,涵盖本书第 1 章。该部分围绕无人机目标检测问题,首先对无人机目标检测的研究背景和意义,以及基于深度学习的无人机目标检测研究现状进行了阐述,然后从可见光和红外两个方面,分析和总结了无人机检测的难点,最后对本书研究内容和章节结构安排作了较为详细的说明,为阅读本书内容提供了总体框架和参考帮助。

第二部分为基础理论介绍,涵盖本书第 2 章。该部分以本书所涉及的神经网络相关理论为主要内容,对神经网络基本原理、卷积神经网络基本组成、算法模型评估指标和轻量级卷积神经网络,以及注意力机制等相关理论方法进行了介绍。该部分重点对轻量级卷积神经网络和注意力机制进行了梳理和陈述:在轻量级卷积神经网络中介绍了挤压网(SqueezeNet)、移动网络(MobileNet)和混洗网络(ShuffleNet)三种模型,并详细对模型中的轻量化设计进行了说明;在注意力机制中主要梳理了经典的注意力机制,以及近年来提出的轻量级注意力机制,为本书后续基于深度学习的无人机检测算法研究提供了相关理论支撑。

第三部分为基于深度学习的无人机检测算法研究,涵盖本书第 3～8 章。该部分主要对无人机目标数据集构建、可见光背景下无人机目标检测、红外背景下无人机目标检测等内容进行了研究和探讨。

在无人机目标数据集构建方面,针对研究问题的需求,构建了 4 300 余张高清分辨率图像数据集 TinyUAV 和 5 200 余张背景复杂且目标尺寸大小差异较大的无人机目标图像数据集 ComplexUAV,以及数据量分别为 9 200 余张和 8 500 余张的红外多尺度无人机图像数据集和红外弱小无人机图像数据集,在完成标签可视化处理和数据样本分析的基础上,进行了数据集的基准实验,验证了所构建数据集满足实验需求的有效性,为后续相关算法研究打下了基础。

在可见光背景下无人机目标检测方面,提出了适用于高分辨率检测的轻量级弱小无人机目标检测算法(S_E_Y)和用于复杂场景下无人机目标检测算法(UCB－IYOLOv4)。为解决在高分辨率图像中现有算法检测精度和实时性,以及占用图形处理器(GPU)计算资源难以平衡的问题,提出了一种适用于高分辨率检测的轻量级弱小无人机目标检测算法 S_E_Y,该算法模型的骨干网(Backbone)选择轻量级网络 ShuffleNetV2 0.5x,颈部(Neck)使用所提出的增强自适应多尺度融合结构(EAMFF),检测头(Head)基于你只用看一次模型(You Only Look Once, YOLO)Head,并使用 K 均值＋＋(K－means＋＋)聚类算法对锚框(Anchor Box)进行优化设计。与现有的 YOLOv3－tiny 等其他轻量级目标检测算法相比,S_E_Y 算法实现了更好的检测精度与速度的平衡。为解决现有目标检测算法在面向城市、山林等复杂背景下存在高虚警率和低检测精度等问题:提出了用于复杂场景下无人机目标检测的 UCB－IYOLOv4 检测算法,通过引入并行空间和通道挤压与通道激励注意力机制(Concurrent Spatial and Channel Squeeze and Channel Excitation, scSE),解决区分了"伪目标"干扰物和目标较难的问题,并加入了自适应空间特征融合策略(Adaptively Spatial Feature Fusion, ASFF)和应用单通道级的特征融合策略(Single－Channel ASFF policy, SCASFF),改善了算法在 Neck 层输出特征图中的信息冲突问题;通过引入难、易样本学习权重使网络专注于难样本学习,解决了算法难、易样本不平衡的问题。所提出的 UCB－IYOLOv4 检测算法能较好地解决复杂背景下的无人机目标检测任务,与其他现有算法相比,具有更好的检测精度和更低的虚警率。

在红外背景下无人机目标检测方面,提出了基于单级感受野增强的红外无人机目标检测算法和基于语义融合特征金字塔的红外无人机目标检测算法。针对特征金字塔涉及参数多、运算量大等问题,提出了一种基于单级感受野增强的红外多尺度目标检测算法,该算法采用 MobileNet V2 的 4 倍下采样特征图,结合空洞卷积和空间注意力机制,设计了 4 个串联的扩张率分别为 2、4、6 和 8 的感受野增强模块,采用广义交并比(Generalized Intersection over Union loss,GIoU Loss)和焦点损失(Focal Loss)分别作为回归损失函数和置信度损失函数,并通过自适应训练样本选择实现正负样本的均衡。与其他现有算法相比,本书所提检测算法具有更高的准确率和更好的实时性。针对现有算法在红外弱小目标检测中效果不理想、存在漏检率高和实时差等问题,提出了一种基于语义融合特征金字塔的红外无人机目标检测算法。该算法采用基于 scSE 注意力机制优化的高效的卷积神经网络架构(RegNet400 MF)轻量级骨干网作为特征提取网络,通过通道分离、特征增强、共享卷积和自适应特征融合设计了语义融合特征金字塔(SFFPN),通过 Anchor Free 机制、解耦头和简化正负样本分配策略(SimOTA)对检测头进行优化。与其他现有算法比较,本书所提检测算法具有更高的准确率和更低的运算量。

本书是笔者所负责科研团队近年来在"低慢小"无人机反制领域所做研究工作的总结,是一部关于基于深度学习的无人机目标检测理论方法研究与应用的著作。本书的出版得到了武警工程大学"武警指挥信息系统理论与实践"科研创新团队所承担相关课题的资助,在此深表感谢。

本书在一定程度上丰富和拓展了目标检测相关领域的技术理论,可为开展无人机目标检测、视频图像处理,以及深度学习网络理论应用等相关研究工作提供一定的参考和帮助。本书共分为 8 章,其中:第 1～3 章由彭月平和郝鹤翔撰写,第 4～5 章由蒋镕圻撰写,第 6～8 章由郑璐和叶泽聪撰写,全书由彭月平、朱彦飞、沈瑜、叶泽聪和郝鹤翔统稿和修订。

由于水平有限,书中难免存在不足和疏漏之处,敬请各位专家、学者批评指正。

著　者

2024 年 4 月

目　录

第1章 绪 论

随着无人机(Unmanned Aerial Vehicle,UAV)数量爆发式增长和无人机行业多元化发展,无人机在物流、植保、安防、测绘、军事等各个领域得到了广泛应用。由于无人机相关行业准入门槛低,加之缺乏与实际需求相适应的市场规范和管控标准,导致城市空域以"低慢小"无人机为载体的非法测绘、禁飞区飞行、恐怖袭击等袭扰和暴恐事件频发,造成的安全隐患风险持续增加,对世界各国安全构成严重威胁。因此,研究和发展反无人机技术是应对低空空域安全威胁的必然要求,而只有高效、准确的无人机目标检测,才能为后续采取反制措施预留充分的时间。研究入侵无人机的检测跟踪,是当前低空安防领域的重点难题,也是反制无人机过程的关键环节。与传统检测方法相比,基于深度神经网络的方法凭借强大的特征提取和学习能力,能够从复杂图像中提取特征并进行分层表示,使得设计基于深度神经网络的目标检测算法成为当前复杂背景下提升无人机目标检测性能的有效突破口。结合深度学习技术,研究无人机目标检测算法,是探索和实现无人机目标有效探测的重要途径,为入侵无人机目标的快速识别和精准定位提供了有力技术保障,对提高低空领域下的管控能力、确保保护目标安全具有重要的意义。

1.1 研究背景及意义

在军事需求牵引和科技快速进步的推动下,无人机技术得到了迅猛发展,世界各国对无人机,特别是民用"低慢小"无人机的购买和使用量已呈指数级别增长。由于"低慢小"无人机体积较小、雷达截面小、飞行速度低[1],所以现有探测设备难以对其实现有效探测,并且由于缺乏对此类飞行物管控的完善法律规定和监控措施,导致全球范围"低慢小"无人机"滥用"和"黑飞"问题层出不穷[2],造成的低空安全隐患风险持续增加,对世界各国安全构成严重威胁。威胁主要体现在以下三个方面。

一是对低空空域安全构成威胁。低空空域作为国家重要战略资源之一,是军事和民用航空的主要活动区域。敌对国家情报机构派出抵近侦察无人机对重点地域、关键设施进行低空拍摄,甚至发动偷袭、实施摧毁等军事行动。2017年,成都双流机场连续多次遭受"黑飞"无人机侵扰,严重影响了航空秩序;2020年,全国各地共发生了19起无人机"黑飞"事件;2021年仅1~4月全国就发生了9起"低慢小"无人机"黑飞"事件;我国的军事管辖区域也难逃无人机的侵扰,例如在2016年,原第某集团军某团在训练场组训时就遭到一架入侵无人机的非法拍摄[3]。

二是对社会安全稳定构成威胁。近年来，"低慢小"无人机用于从事违法活动、恐怖袭击的事件频发，特别是"无人机＋"模式出现后，不法分子利用无人机作为违法活动的媒介，实施走私、贩毒和反动宣传等非法行动更为猖獗，给社会治安增加了许多难以预测的不稳定因素。2015 年，美国捕获了一架欲从墨西哥向美国运输毒品的无人机；2016 年以来，恐怖分子多次利用无人机对多国军事基地进行侦察和恐怖袭击；2018 年 8 月，委内瑞拉总统在参加军事活动时遭到携带炸药的无人机袭击，引发了极大恐慌；2021 年 8 月，法国毒贩组织利用无人机作为实施违法行动的媒介，在西班牙太阳海岸运送毒品、贩卖牟利，对社会安全稳定构成严重威胁。

三是对人身财产安全构成威胁。2021 年 2 月，青海西宁曹家堡国际机场的无人机"黑飞"事件，致使多架航班延误、大量旅客滞留，破坏正常飞行秩序，造成重大经济损失。低空空域无人机"黑飞"破坏正常飞行秩序，甚至引发空警、出动战机，严重威胁航空安全，造成巨大损失。此外，携带放射性物质、小型弹药的无人机通过危险物品投掷或自杀式攻击造成的恐怖袭击事件频频发生，直接对公众生命财产安全造成了严重危害。

在俄乌战争中，乌克兰部队使用 TB－2 型无人机对俄军目标实施打击，俄军利用无人机构建"侦察-火力与侦察-打击综合体"的无人系统，可见大力发展反无人机技术是应对低空空域安全威胁的必经之路。而高效、准确的无人机目标检测是反无人机技术发展的前提，对后续无人机目标跟踪和实施打击、拦截起着至关重要的作用，研究入侵无人机的检测跟踪，是当前低空安防领域的重点问题，也是世界反无人机课题中的一项关键难题，对提升低空领域安防能力有着极大的促进作用。

随着研究人员对目标检测技术的深入研究，以及近年来深度学习技术的迅猛发展，相比于传统的目标检测算法，深度神经网络表现出更加强大的特征表达能力和学习能力，依靠大量的数据训练可获得鲁棒性更强的检测器[4]。这些特性使得研究以监控摄像机为载体的入侵无人机目标检测算法也成为可行：一方面，监控视频属于被动探测方式，不易受到电子干扰，同时也不会因无人机种类的不同对探测结果带来影响；另一方面，当前高清去雾摄像头的使用也大大提高了图像的分辨率，增加了"视距"，提升了对无人机目标的有效探测距离；此外，当前智慧城市建设的有效推进，使城市基础设施不断完善，监控系统覆盖更加全面，保证了对低空空域进行监控能够实现全方位有效覆盖。随着国家安保体系智能化发展，以及"低慢小"袭扰专业力量建设需求愈发迫切，以现有部署全面的监控摄像头为载体，研究非法入侵无人机目标有效的检测算法，对强化相关低空领域的安防能力，提升社会安全稳定以及顺利完成各项安保任务具有重要的意义。

1.2 国内外研究现状

近年来，在硬件设备性能不断提升和大数据迅猛发展的有利环境下，深度学习（Deep Learning）在短时间内得到了广泛的研究和应用。深度学习是通过一定深度的卷积神经网络（Convolutional Neural Networks，CNN）在大量训练样本中自动学习，得到有效的特征表示。近年来的研究成果和应用情况表明，深度学习在图像分类、语音识别等任务中表现出强大的处理能力,具有独特的技术优势。下面结合本书研究内容,对基于深度学习的目标检测算法相关研究进展进行综述。

1.2.1　基于深度学习的通用目标检测算法

在深度学习迅猛发展的背景下,计算机视觉技术取得了前所未有的突破,特别是目标检测(Object Detection)作为其中基础且重要的研究内容,得到了大量科研人员的青睐和深入探究,在短时间内取得了巨大成功,并在物体识别[5]、智能安防[6]、自动驾驶[7]等方面得到了广泛应用。目标检测主要对图像中的目标特征进行提取和分析,实现物体的定位和分类。在 2012 年之前,研究人员大多是通过人工设计的特征描述算子来提取特定的特征信息并用分类器完成分类的,这种传统的目标检测算法不需要依靠大量先验样本训练就能获取目标特征,因此在大数据未兴起时就被广泛地研究和应用。2012 年,Hinton 等人[8]使用深度神经网络(Deep Neural Networks,DNN)在 ImageNet 图像分类大赛中取得了的成功,由此大量基于深度卷积神经网络的目标检测算法也相继被提出并在目标检测竞赛[9-10]中取得了巨大的突破。到目前为止,基于深度学习的目标检测已有 20 多年的发展历史,主要分为两类算法,包括基于区域候选的两阶段(Two stage)目标检测算法和基于回归的单阶段(One stage)目标检测算法[11]。

1.基于区域候选的两阶段目标检测算法

基于区域候选的两阶段目标检测算法的检测过程包括:①候选区域提取;②分类回归。其中基于区域的卷积神经网络(Regions with CNN Features,R - CNN)[12]首次在目标检测任务上使用了深度学习技术,其对后续基于深度学习的目标检测算法有着极为重要的影响。基于 R - CNN 算法,研究人员还陆续提出了快速区域卷积神经网络(Fast R - CNN)[13]目标检测算法,以及更快速的区域卷积神经网络(Faster R - CNN)[14]目标检测算法等性能强大的检测器。其中,R - CNN 算法的主要流程如图 1 - 1 所示。

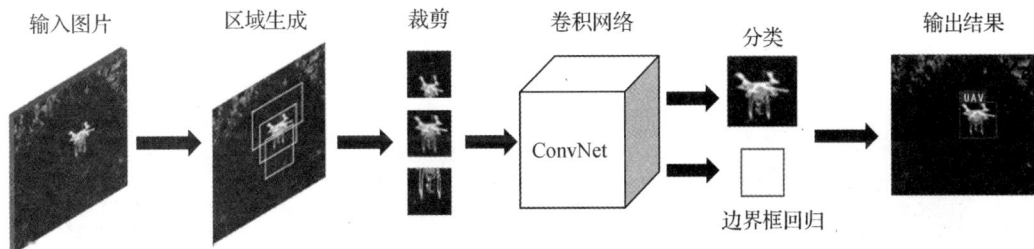

图 1 - 1　R - CNN 算法的主要流程图

在图 1 - 1 中,R - CNN[12]网络使用了选择性搜索的方法来产生 2 000 个左右的候选区域,然后对生成的区域进行裁剪并批量处理得到固定大小的图像,将裁剪后的图像送入CNN 中完成特征信息的提取,最后使用支持向量机(Support Vector Machines,SVM)进行分类,并对产生的边框使用线性回归器实现优化。与传统检测算法相比,R - CNN 借助了CNN 良好的特征提取性能,使得检测效果得到显著提升,但由于用于提取候选区域的滑动窗口机制存在大量重复区域,导致 R - CNN 算法需要进行大量的冗余计算,难以实时检测,并且 R - CNN 的候选区域生成、CNN 特征提取、SVM 分类、位置修正等属于多步骤操作,算法训练步骤烦琐、分散,容易导致误差传播。

针对上述 R - CNN 算法存在的问题,Grishick 等人在 2015 年结合空间金字塔池化网络算法(SPPNet)又提出了更快更强的 Fast R - CNN 算法。不同于 R - CNN 算法分步进行特征提取的方式,Fast R - CNN 基于视觉几何网络(VGG)直接提取整张图像的特征,并且将特征图进行区域生成并通过 RoI - Pooling 池化层将特征映射到每个候选区域再通过全连接层进行分类和回归[15],实现了端到端的训练。Fast R - CNN 算法基于上述方式减少了 R - CNN 中的冗余计算,训练速度和测试速度远高于 R - CNN 算法,同时 RoI - Pooling 层实现了任意大小的图片输入,提升了网络的灵活性。Fast R - CNN 虽然有了巨大的提升,但 Selective Search 的方式依然占用了较多的计算时间,以至于检测无法达到实时,限制了算法的发挥空间。

为得到更快更强的检测算法,Faster R - CNN 算法[14]很快被提出。Faster R - CNN 算法的原理延续了 R - CNN 系列的思想,但在区域生成上采用了一种名为候选区域生成建议网络(Region Proposal Network,RPN),来获取感兴趣区域,并提出 Anchor 机制,加快了网络模型的收敛速度,使算法的综合性能得到了很大的提升,其中检测速度提升到了 17 帧/s (Frames Per Second,FPS)。可以说,Faster R - CNN 的提出是目标检测中一个重要的里程碑。

2.基于回归的单阶段目标检测算法

Faster R - CNN 算法利用感兴趣区域生成和精细分类回归的两阶段结构,出色地完成了目标检测任务,但算法难以实现实时的检测。为了获取更快的检测速度,研究人员展开了对单阶段目标检测算法的研究,如图 1 - 2 所示。以你只用看一次模型算法(You Only Look Once,YOLO)为例,单阶段目标检测算法不需要单独生成候选区域,而是将特征提取、目标分类回归等操作放到一个 CNN 中进行,大大加快了检测速度。

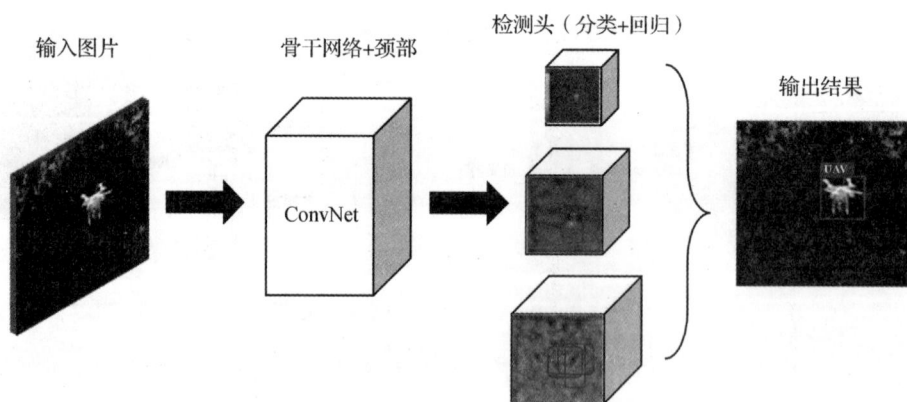

图 1 - 2　YOLO 算法流程图

2016 年,YOLO 目标检测算法[16]一提出就得到广泛应用。YOLO 算法通过一个网络完成特征提取,并在不同尺度的特征图上实现目标预测,其中不同分辨率的特征图包含不同数量的栅格,每个栅格都负责预测有无目标并回归目标框。YOLO算法首先将输入的图像送入CNN进行特征提取,然后输出不同尺寸的特征图用于检测头进行预测结果的输出,最后对结果进行非极大值抑制(Non-Maximum Suppression,NMS)处理。YOLO算法的提出极大提升了目标检测的处理速度,但对于小目标和不常见的高宽比例的目标,其检测效果并不理想。为提升检测效果,Liu Wei[17]借鉴了Faster R-CNN和YOLO的思想,提出了单阶多层检测算法(Solid State Drive,SSD)。其在YOLO网络的基础上加入了Anchor机制,并使用RPN网络在多层特征上进行检测,最终SSD在速度和精度上得到了双提升。经过后来学者的深入研究,在YOLO和SSD基础网络架构上诞生了检测速度更快、精度更高的YOLOv3[18]、YOLOv4[19]等算法和SSD[20]系列网络。

自Anchor机制[14]被提出以来,以聚类Anchor box先验框来实现检测模型的快速收敛已成为现有目标检测算法的标配。然而,随着目标检测网络检测性能的不断提升,Anchor机制也出现了诸多问题,例如Anchor box超参难以调整、算法提取正负样本不平衡,以及Anchor box匹配耗时严重等问题。由此研究人员开始尝试研究去掉Anchor机制的检测算法。自2019年以来,基于去掉Anchor机制(Anchor-Free)的算法被提出,例如利用分割思想解决检测问题的全卷积单阶段目标检测算法(FCOS)[21]、使用边框的角点或中心点进行物体检测的角点目标检测网络(CornerNet)[22]和中心点目标检测网络(CenterNet)[23]等。从实验结果来看,Anchor-Free的算法已达到了与基于Anchor的单阶段检测器相同甚至更好的检测效果,可以预见基于Anchor-Free算法是未来目标检测算法的主要发展趋势。

1.2.2　基于深度学习的无人机目标检测算法

大量试验证明,基于深度学习的目标检测算法在通用目标检测上能够表现出非常优秀的检测效果,但针对低空无人机这种空中弱小目标,现有算法并不太适用,加之目前低空无人机目标数据集较少且难以收集,因此对于无人机检测算法的研究,主要基于深度学习通用目标检测算法实现优化设计,并通过扩充无人机数据集,实现对无人机目标的检测。本节从基于深度学习的入侵无人机目标检测的研究现状出发,总结梳理了现有主要算法,主要包括基于扩充数据集的目标检测算法、基于深度学习的两阶段改进检测算法和单阶段改进检测算法。

1.基于扩充数据集的目标检测算法

由于目前可获取的无人机目标数据集较少,训练样本不足,为解决此问题,研究人员在现有训练样本的基础上通过多种方式扩充训练集以获取鲁棒性更强的检测模型。Peng等人[24]通过人为创建包含无人机目标的大规模图像,改善了用于训练的样本数据有限的问题,他们使用了基于物理的渲染(PBRT)来生成逼真的无人机图像,渲染的图像由不同的位置、方向、相机规格、背景和后处理方式组成了60 480张大规模数据集,然后使用迁移学习的方式,将预训练好的残差网络(ResNet-101)模型权重对Faster R-CNN网络进行微调,以实现对无人机目标的检测;Aker等人[25]在YOLOv2目标检测算法的基础上为了解决网络训练中数据匮乏的问题,提出了一种将背景减去后得到的无人机目标随机放置在视频任意帧的图像上来创建大规模人工数据集,并得到了较高的查全率和准确率;马旗等人[26]通过对数据集样本翻转不同角度的方式,扩充数据集中训练样本的数量,模拟无人机在飞行过程中姿态的多样性;Ulzhalgas 等人[27]通过加入飞鸟等"类无人机"负样本,以提升算法抗干扰能力。

2.基于深度学习的两阶段改进检测算法

在基于深度学习的无人机目标检测算法研究之初,由于两阶段检测算法模型具有较高的稳定性和检测精度,所以研究人员多使用改进的两阶段目标检测算法实现无人机目标的检测[28,33]。Saqib 等人[28]使用了不同的 CNN 模型,包括基于泽勒-弗格斯网络(ZFNet)和 VGG16 网络的 Fast R-CNN,以及 R-CNN 模型,通过迁移学习的方式将预训练模型在无人机训练机上进行微调,以弥补训练样本的不足,同时也确保了模型训练期间的收敛性,并使用电气和电子工程师协会(Institute of Electrical and Electronics Engineers,IEEE)国际小型无人机监视、检测和对抗技术研讨会中的"Drone - vs - bird detection challenge"大赛[29]提供的数据集,试验结果表明 VGG16 与 R-CNN 相结合表出更好的性能,平均精度为 66%;文献[31]将超分辨率(Super resolution,SR)技术引入 Faster R-CNN 算法中,试验证明超分辨率技术在无人机目标的检测上会带来较好的增益。

3.基于深度学习的单阶段改进检测算法

随着对单阶段目标检测算法研究的逐步深入,研究人员通过多尺度特征融合、优化网络结构等方式不断提升单阶段目标检测算法的检测性能,这使现有的单阶段检测算法在保证实时性的同时也达到了较高的精度。如图 1 - 3 所示,在大型公共数据集 MS COCO[10](微软公司上下文中的通用对象数据集)上,单阶段的检测算法 YOLOv4 在保证 70 帧/s 的高效时速上,性能远超同帧率下其他检测算法。

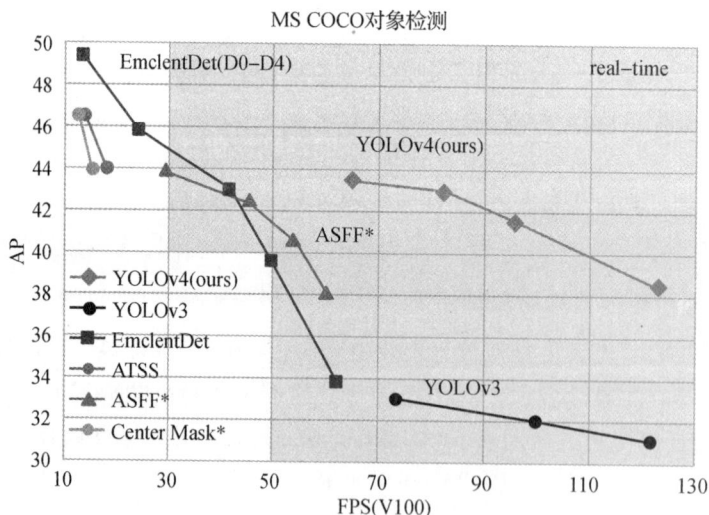

图 1 - 3　单阶段检测算法性能对比图[19]

在大多实际场景下,需要算法满足实时检测,对于低空中入侵无人机目标的检测更是如此。随着单阶段目标检测模型检测性能的不断提升,大量研究人员开始着手研究适用于检测无人机目标的实时检测算法[34,41]。

　　王靖宇等人[37]基于 2012 年提出的用于图像分类问题的亚历克斯网络(AlexNet)模型,搭建了一种 23 层的深度神经网络,并通过在自己构建的 15 000 张的无人机目标数据集上进行训练,最远可实现 2 200 m 的检测距离,在自己的数据集上达到了 99% 的准确率。针对复杂背景下的检测问题,李斌等人[38]在单阶段检测算法 YOLOv3 的基础上,采用广义交并比度量目标真实位置与候选目标位置的偏差,并针对正负样本不均衡和易分样本多导致学习效果差的问题,通过焦点损失的调制系数,降低负样本和易分样本的损失贡献[38];为提高检测模型的实时性能力,以 YOLOv3 中提出的 Darknet 骨干网为基础,搭建基于 Gabor 滤波器的深度神经网络,并针对空中飞行的无人机进行实时检测[30]。李秋珍等人[39]使用单目标检测算法 SSD 网络提取目标的特征信息,再送入 K 近邻(K - Nearest Neighbors,KNN)分类器用于分类[39]。沈友官[40]将 SSD 网络模型的骨干网换为轻量级的骨干网 MobileNetV2[42],以实现更快的检测速度;王云[34]使用了与沈友官类似的思想,针对深度神经网络参数量大导致训练时间和推理时间较长的问题,融合了 MobileNet[43]轻量级网络思想,在保持网络检测精度的基础上,降低了模型的参数量。同时结合目前热门的多尺度人脸检测算法(EXTD)[44],Sun 等人[41]设计了针对弱小无人机目标网络(TIB - Net),通过提出名为"cyclic pathway"的结构,充分利用了浅层特征图信息,达到对小尺度无人机目标较高的检测效果,但由于网络的复杂度较高,难以保证检测的实时性。

1.2.3　基于深度学习的红外无人机目标检测算法

　　在深度学习技术发展的同时,作为目标检测算法的重要分支,基于卷积神经网络的红外目标检测方法引起了学术界的广泛关注。当前红外目标检测面临两大挑战[45];一是由于红外传感器成像距离较远,导致红外图像中无人机目标像素远小于背景像素,且存在严重的纹理和形状特征缺失。二是红外成像效果受大气热辐射的不均匀、不稳定性制约,并受强背景杂波和噪声影响,信噪比低。近年来,国内外研究者围绕上述问题做了大量工作,如图 1 - 4 所示,其中[ ]中的数字对应文中参考文献的序号。

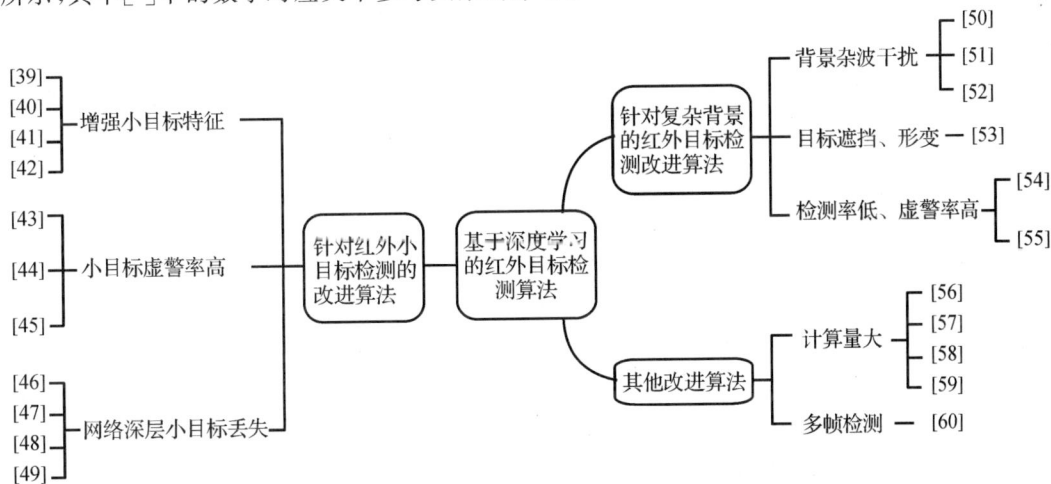

图 1 - 4　基于深度学习的红外目标检测算法

1.针对红外小目标检测的改进算法

Liu 等人[46]将基于深度学习的目标检测算法应用到红外目标检测中,但由于红外目标尺寸小,只有灰度信息,特征不明显,致使机器视觉领域现有的基于深度学习的目标检测算法不适用于红外小目标检测[47]。为增强小目标特征,文献[48]通过引入特征映射组来提高小目标的表征能力,用跳跃连接中的全连接层抑制来自全局感受野的相似背景。Wang 等人[49]提出了一种 VGG 与 RPN 相结合的网络,用于对鸟类、无人机等小型对象的检测。Yu 等人[50]提出了 ResNet32网络,并构造了用于层次特征图融合的简化双线性插值注意模块(Software Based Abled Mixer,SBAM),能够在缺乏上下文的情况下快速聚焦于目标特征。Sun 等人[51]提出了一种循环路径结构,该结构能够增强对小目标有效特征的提取能力,并将其集成到现有的高效方法中。为解决小目标检测虚警率高的问题:Xu 等人[52]通过对高、低分辨率层的调整,重新设计了 SSD 网络结构;Ju 等人[53]通过自适应感受野融合模块,增加小目标周围的上下文信息,并引入空间注意力机制来优化网络;Du 等人[54]指出,有效的小锚点和浅层特征是小目标检测的关键。为解决基于卷积神经网络方法在深层存在目标丢失的问题:Zhang 等人[55]提出了一种横向连接的多尺度特征融合方法,以充分结合上下文特征和语义特征;Tong 等人[56]采用同层特征信息交换和跨层特征融合方法,提出了增强的不对称注意网络,实现了小目标细节的动态感知;Wang 等人[57]基于多通道网络结构、下降门限式特征金字塔结构(Developer & Solution Partner Program,DSPP),提出了一种新的多通道多尺度红外弱小目标检测算法;文献[58]在网络深层考虑小目标的全局上下文先验信息,通过注意力融合模块增强了红外小目标的位置和语义特征,进一步提高了网络对小目标特征的表达能力。

2.针对复杂背景的红外目标检测改进算法

在红外目标检测中,传统的模型驱动方法在特征显著变化的场景性能大幅下降,无法很好地应用到实际场景中。针对红外目标受背景杂波干扰和削弱的问题:Zhao 等人[59]利用卷积神经网络巧妙地将检测问题转化为模式分类问题,提出了一种天空复杂背景下红外小目标检测算法;文献[60]利用回归型的深度卷积神经网络进行背景成分抑制,通过阈值分割出候选目标区域;Shi 等人[61]将红外图像中的小目标视为"噪声",将小目标检测任务转化为去噪问题,利用感知损失来缓解编码过程中的背景纹理特征丢失,对不变性特征进行无监督的特征提取,保证了算法在不同场景下检测效果的稳定性。考虑到空中飞行目标在成像时出现遮挡、形变等情况,Zhang 等人[62]在分析飞机目标结构、红外特性的基础上,定义带有约束条件的损失函数,构建了用于空中目标要害部位识别的深度卷积网络模型。对于复杂红外场景中无人机目标检测率低、虚警率高的问题:Fan 等人[63]在分析红外图像特点的基础上,通过角点检测提取潜在目标区域以保证检测率,再将潜在目标区域输入基于卷积神经网络的分类器中,进行非目标区域的剔除,成功降低了检测的虚警率;文献[64]设计了一种分层重叠小面片变换器,采用自顶向下的特征聚合模块来融合相邻尺度的特征,并在对图像中的长距离相关性进行建模的基础上实现了假警报的抑制。

3.其他改进算法

在红外目标检测中,应用场景对检测算法的速度提出了实时性的要求。为解决当前目标探测器普遍存在计算量大的问题:Zhang 等人[65]尝试平衡无人机检测的精度和速度,设计了基于深度卷积神经网络的红外目标监控快速探测器;Miao 等人[66]以目标中心点作为目标检测关键点,结合轻量化特征提取网络,提出了一种基于关键点的快速红外目标检测方法;Liu 等人[67]对 YOLOv4 进行剪枝,得到了一个较小的网络结构;文献[68]提出了一种结合传统滤波方法的轻量级网络模型,在增强小目标响应的同时,抑制了背景响应。在基于深度学习的多帧检测方面,为更准确地检测出入侵目标,Hu 等人[69]在对静态目标进行模式分析的基础上,综合考虑多帧的动态特征,实现了帧间信息的利用,为今后算法改进提供了新思路。

1.3　无人机目标检测难点

从研究对象来看,无人机目标检测区别于传统的目标检测,其检测对象通常呈现出低空域、低速率飞行、雷达反射截面小以及发射微弱的光、声信号等特性。目标运动导致部分成像存在运动模糊,而检测过程可能受到云雨天气、复杂环境以及地形遮挡等影响;此外,随着无人机自动导航技术、集群技术、材料技术的发展,无人机运动轨迹更加灵活多变,无人机目标检测面临更大的挑战。

目前,随着计算机硬件的发展以及无人机数据集的扩充,越来越多的基于深度学习的目标检测算法问世。与基于手工固定滑动窗口和步长以及固定超参数的传统检测方法相比,基于深度卷积神经网络的方法凭借强大的特征提取和学习能力,能够从复杂图像中提取特征并进行分层表示。这些特性使得设计基于深度卷积神经网络的目标检测算法成为当前复杂背景下无人机目标检测的有效突破口。

1.3.1　无人机检测算法研究存在的难点

无人机相关应用场景多样,其中包括沿海、岛礁等地势开阔场景,也涵盖背景复杂多变的城市、山林等场景。为实现对监控范围内非法入侵无人机目标的有效防御,无人机目标检测算法应当满足高实时性和高准确性的要求。但由于无人机目标自身属性独特,不仅样式种类多样,其飞行方式和轨迹难以预测,飞行背景多变,同时在监控摄像头中大多以弱小目标的形式出现,这些无疑给无人机目标检测任务带来了巨大的挑战。根据应用场景的不同,结合无人机检测的研究现状,目前研究尚存在以下难点亟需解决。

1.数据集问题

由于无人机种类多样、飞行场景复杂多变,导致样本数据难以获取,并且由无人机所引发的安全事件在近几年才成为国际安防领域关注的重点,因此目前少有类似 PASCAL VOC[9]和 MS COCO[10]这些用于公开评测的无人机数据集[70]。通过查找和收集我们了解到,现有公开可用的无人机数据集十分有限[71],数据集也并未通过大量现有算法测试,同时无人机数据集存在着数据样本不足[72]、样本样式单一[41]以及目标背景简单[73]等问题,这对深度神经网络模型的训练有着很大的影响。在国内的研究中,数据集几乎都是通过研究人员自己构建的[26,37,39,74,75];而在国际上,研究人员除了通过自己构建数据集[76-77]的方式外,由 IEEE 国际小型无人机监视、检测和对抗技术研讨会的"Drone‐vs‐bird detection challenge"大赛提供的数据集[29,73,78],也对检测和跟踪无人机目标的相关研究起到了巨大的推动作用,但该数据集以视频组成,场景和目标较为单一,对研究适用于复杂背景下的无人机检测算法难以提供有效样本。

2.高分辨率图像下弱小无人机目标检测精度与实时性的平衡问题

在实际的安防任务中,为避免造成不必要的损失,要求在一定的有效距离内实现入侵目标的检测预警,以保证提早发现、提早采取措施。目前高清摄像头的高分辨率成像技术大大提升了摄像头的监视距离,能够将远距离下的入侵目标进行成像。而在这种远距离情况下,无人机往往以"弱小目标"在图像中呈现。其中"弱"表现为图像中目标与邻域背景之间对比度较小[40],"小"一般表现为像素小于 32×32 的目标。现有算法很难在此场景下实现检测精度和速度的"双赢",加之在 1 920×1 080 DPI(Dot Per Inch,点每英寸)(甚至更高)的高分辨率图像中,无效特征像素占比远超目标特征的像素占比,若保持原始像素输入至算法中,大量冗余信息的计算会使现有目标检测算法难以达到实时检测的要求,同时训练模型时所消耗的计算资源也是巨大的;而压缩图像分辨率提升检测速度的方式,也势必会将无人机目标像素信息变得更加微弱,甚至会造成目标信息的丢失,难以保证算法的检测精度。综上所述,如何在保证检测实时性的基础上,有效利用高分辨率图像下的弱小无人机目标较完整的像素信息,提升算法的精度,是当前研究中有待突破的难点。

3.复杂背景下的多尺度无人机目标检测问题

随着我国综合国力的不断增强,全球诸多大型会议活动在我国召开的次数也愈发频繁,重大活动执勤、重点区域警戒安保任务也越来越多,因此研究针对城市此类场景复杂的入侵无人机检测算法有着重要的实际作用。但目前对无人机检测算法的研究,多停留在简单背景、单一尺度下,例如在开阔的天空背景下对尺寸大小单一的无人机目标进行检测,而对于城市、山林等复杂场景下尺寸差异巨大的无人机目标的检测算法研究较少。类似城市和山林等这类复杂场景,多表现为有阳光照射、城市高楼、飞鸟等阻碍算法提取无人机特征的情况,加之无人机目标成像尺寸较小,其特征信息在神经网络中的表达很容易受到其他干扰物的影响,很容易造成算法将干扰物检测为目标的情况,导致算法检测结果存在较高的虚警率。同时,目前难以获取复杂背景下的无人机数据样本的问题,也成为解决复杂场景下无人机检测问题难以突破的瓶颈。

1.3.2 红外无人机检测算法研究存在的难点

红外无人机目标检测在低空空域安全保障中具有重要作用。在红外无人机目标检测方面,研究人员通过不懈努力提出和改进了一系列算法,在相对简单的场景下具有较好的性能。但在实际场景下,基于红外视频图像的无人机目标检测可能面临着更加现实的挑战。

1.红外无人机目标检测精度与实时性的平衡问题

由于红外探测距离较远、无人机目标尺寸较小,所以一般在图像上呈现为低局部信杂比的小面积目标和点目标。红外小目标一般不具备颜色、纹理等外观信息,再加上成像效果受大气热辐射的不均匀、不稳定性影响,使红外无人机目标检测与基于可见光成像的目标检测相比,具有更大的挑战。现阶段大多数基于深度学习的目标检测算法采用复杂的网络结构设计以及多层次的特征融合,在提高目标检测性能的同时,带来了更多的计算量,降低了网络检测的速度。然而现实场景对于无人机目标检测算法模型的移动部署、轻量化提出了更高的要求,慢速、滞后的检测算法只能停留在理论层面,难以在现实场景中应用。

2.复杂背景下红外多尺度无人机目标检测问题

在城市反恐、重点区域安保、重大活动执勤等常见安保任务中,其任务场景多样,多为不均匀热辐射、城市高楼遮挡、噪声干扰和飞鸟等相似物干扰的复杂背景。在实际检测任务中,无人机飞行通常位于城市、山林、空地交接等场景,而不仅仅是单一的天空背景。入侵无人机出现的方式包括纵向由远及近飞行和横向飞行等,因此无人机目标的尺度就不单单仅限于小尺寸,而是一种多尺度无人机,即红外图像中可能包含极小尺寸、小尺寸或普通大小尺寸的无人机。目前,对于多尺度无人机目标检测的研究,采用多级特征融合的算法居多,而通过多级特征融合来提升检测目标大小跨度的方式,增加了算法的复杂度,且多次跨层特征图融合减弱了特征图的表达能力,影响检测的准确性。

3.红外弱小无人机目标检测问题

红外探测系统刚捕获到目标时,由于距离较远,目标在图像中只占据一个或很少几个像素,表现为低红外辐射强度特征的点目标。研究弱小目标的检测有助于提前感知无人机非法入侵,为后续防范打击行动预留充足的时间。研究红外弱小目标检测几十年来,作为主流的传统基于手工设计特征的方法通常对特定背景有效。文献[54]在地/空背景下红外图像弱小飞机目标检测跟踪数据集上对传统小目标检测算法的可行性进行了验证,结果见表1-1,其中 P_d 为准确率,P_f 为虚警率。

表 1-1　传统小目标检测算法实验结果

算　　法	$P_d/(\%)$	$P_f/(\%)$
LIG	38.21	61.79
NRAM	34.87	65.13
Var_Diff	45.04	54.96
AAGD	53.63	46.37
LOG	54.47	45.53
IPI	39.69	60.31
DPIR	6.53	93.47
GST	38.38	61.62

由表1-1可知,传统小目标检测算法对于红外弱小目标检测效果并不理想:在准确率极低的同时,虚警率极高。分析发现,由于图像上有太多不同的小物体,如裸露的土壤和电线杆,在没有使用先验信息的情况下,传统算法检测到的是假警报而不是目标。

近年来兴起的基于深度学习的目标检测算法,大多数检测网络为大中型目标而设计,具有过大的下采样率、过大的感受野,使弱小目标在特征图中易出现目标丢失、细节分割不清的现象,不适用于红外弱小目标的检测。对于红外弱小目标而言,输入图像有效区域的细节信息只能保存在浅层特征图中,没有浅层特征无法实现目标定位和完成弱小目标的检测。再加上目前算法在深层与浅层特征图的语义性和空间性上没有做到很好的均衡,导致算法在弱小目标场景中存在漏检率高和鲁棒性较差的问题。

1.4　本书研究问题及内容

本书针对无人机常见应用场景差异,结合目前入侵无人机目标检测面临的难点,主要对面向沿海、岛礁等视距远、背景简单的应用场景和面向城市、山林等背景环境复杂多变的应用场景,采用可见光探测和红外探测两种手段,对入侵无人机目标检测问题展开研究。

1.4.1　研究问题及场景描述

本书研究问题及场景描述如下。

(1)面向沿海、岛礁等视距远、背景简单的执勤场景,由于遮挡物少,可监视距离远,背景相对简单,前景与背景相对容易区分,以高清摄像机为硬件基础,可捕获远视距下的入侵目标,目标细节信息更加丰富,所以对于此类场景,为了尽可能地利用图像中的细节信息,考虑减少压缩输入到模型中的分辨率,并实现远距离下弱小无人机目标的实时检测,将结合算法模型更为简单的轻量级卷积神经网络,以实现在高分辨率图像的输入输出的基础上,保证检测的实时性,并通过算法的优化设计,提升检测的准确性,以解决高分辨率图像下的弱小无人机目标检测精度与实时性的平衡问题。

(2)不同于地势开阔、背景简单的执勤场景,在面向城市、山林等背景环境复杂多变的执勤场景中,干扰物较多,前景与背景区分难度大,若使用轻量级神经网络可能难以进行准确地判别,并且此类场景下监控视距受到高楼建筑、树林等遮挡,视距相对较近,入侵无人机目标尺寸相对较大,降低图像分辨率并不会丢失过多的目标信息,同时还能加速算法推理的速度。因此,对于此类场景,选择使用低分辨率的图像作为输入,以保证算法检测的实时性,并通过优化性能强大的通用目标检测算法,实现前景与背景更准确地甄别,以解决复杂背景下的多尺度无人机目标检测问题。

(3)研究红外小目标检测近十年来,作为主流的传统基于手工设计特征的方法通常对特定背景有效,但由于红外探测距离较远、无人机目标尺寸较小,一般在图像上呈现为低局部信杂比的小面积目标和点目标;红外小目标一般不具备颜色、纹理等外观信息,再加上成像效果受大气热辐射的不均匀、不稳定性影响,使红外无人机目标检测与基于可见光成像的目标检测相比,具有更大的挑战;红外探测系统刚捕获到目标时,由于距离较远,目标在图像中只占据一个或很少几个像素,表现为低红外辐射强度特征的点目标。近年来兴起的基于深度学习的目标检测算法,大多数检测网络为大中型目标而设计,具有过大的下采样率、过大的感受野,使小目标在特征图中易出现目标丢失、细节分割不清的现象,不适用于红外弱小目标的检测;对于红外弱小目标而言,输入图像有效区域的细节信息只能保存在浅层特征图中,没有浅层特征无法实现目标定位,无法完成弱小目标的检测。再加上目前算法在深层与浅层特征图的语义性和空间性上没有做到很好的均衡,导致算法在弱小目标场景中存在漏检率高和鲁棒性较差的问题。因此,研究基于深度学习的红外弱小无人机目标检测算法,解决检测模型计算量大、检测精度低等问题,有助于提前全面感知无人机非法入侵,为后续防范打击行动预留充足的时间。

(4)在实际检测任务中,无人机飞行通常位于城市、山林、空地交接等场景,而不仅仅是单一的天空背景。入侵无人机出现的方式包括纵向由远及近飞行和横向飞行等,因此无人机目标的尺度就不单单仅限于小尺寸,而是一种多尺度无人机,即红外图像中可能包含极小尺寸、小尺寸或普通大小尺寸的无人机。目前对于多尺度无人机目标检测的研究,采用多级特征融合的算法居多,而通过多级特征融合来提升检测目标大小跨度的方式,增加了算法的复杂度,且多次跨层特征图融合减弱了特征图的表达能力,影响检测的准确性。因此,从降低模型复杂度、强化红外特征、提高多尺度目标检测性能三个角度出发,进行红外多尺度无人机目标检测算法研究和设计,解决算法复杂度高、多尺度目标检测中特征图表达能力受限等问题,进一步提升无人机的检测精度和速度。

综上所述,本书将针对武警部队执勤场景,基于两种探测手段,分别开展可见光背景下和红外背景下的弱小无人机目标检测算法和多尺度无人机目标检测算法的研究。

1.4.2 本书研究内容

针对上述研究问题,本书以基于深度学习的目标检测算法为基础,提出可见光背景下针对高分辨率图像下弱小无人机目标检测问题和复杂背景下多尺度无人机目标检测问题的解决算法,优化红外背景下弱小无人机目标检测算法和多尺度红外无人机目标检测算法,并进行了设计和实现。本书主要的研究方向如下:

1.完成了无人机数据集的构建分析和基准测试

本书根据沿海、岛礁等视距远、背景简单的场景和面向城市、山林等背景环境复杂多变的场景的实际特点,以现有公共目标检测数据集和无人机数据集为基础,并通过实景拍摄、网络爬图、数据增强的方式,针对性构建了包含 4 300 张 1 920×1 080 DPI 高分辨率图像的弱小无人机目标数据集 TinyUAV 和包含 5 270 张背景信息复杂的多尺度无人机目标数据集 ComplexUAV。

以现有公开红外无人机数据集和红外无人机视频素材为基础,通过视频帧提取和标签格式转换等数据处理方法,构建了包含 9 214 张图像的红外多尺度无人机数据集和 8 542 张图像的红外弱小无人机数据集,并在此基础上进行标签可视化处理和数据样本分析。

同时,以现有目标检测算法作为本书的基准算法模型,分别在构建的四个数据集上完成了基准实验。基准实验的目标不仅在于验证现有算法在无人机检测问题上是否存在实际的问题难点,同时,基准测试作为本书研究的基础工作,对后文针对性地解决现有算法中存在的问题也起到了较大的推动作用。研究结果表明,所构建的无人机数据集标注准确,且涵盖多种复杂场景,能够满足算法研究需求。

2.提出高分辨率图像下弱小无人机目标轻量级检测算法

本书首先通过研究对比了高低两种不同分辨率的训练、测试图像对现有检测器在检测弱小无人机目标上带来的性能影响。这一基础实验证明了提高训练和测试图像的分辨率能大幅度改善算法检测弱小目标的精度,但过大的图像分辨率也导致了检测器难以实时处理图像数据。利用基础实验的分析,提出了利用高分辨率图像进行实时检测的高精度 S_E_Y 轻量级检测算法,主要包括以下内容。

(1)完成了基于 ShuffleNetV2 的轻量级骨干网设计。算法选择 ShuffleNetV2 0.5 x 轻量级卷积神经网络作为用于特征提取的骨干网,此方式保证了 S_E_Y 模型在使用高分辨率的图像用于训练和测试的情况下,保证实时检测。

(2)提出了用于强化小目标特征表达的增强自适应特征金字塔网络(EAFPN)颈部网络设计。为了有效提升网络对小目标的特征表达,同时不引入过多的参数量,本书提出了用于增强小目标特征表达的 EAFPN 网络结构。EAFPN 以经典的特征金字塔网络(FPN)为基础,首先使用了本书提出的用于小目标特征增强(FE)模块,并通过一个共享卷积层进行跨尺度特征图语义平衡,最后在特征融合阶段设计了一种特征自适应融合(AF)模块实现不同感受野特征图的自适应融合。试验证明,在 Neck 部分使用 EAFPN 网络,较大程度提升了算法对小目标的检测性能。

(3)实现了基于 YOLO Head 的 Anchor box 检测头优化设计。在检测头部分选取 YOLO 算法中的 YOLO Head 作为 S_E_Y 算法的检测头,并将原算法使用的 K - means 边框聚类分析改为 K - means＋＋聚类算法,优化 Anchor box 的聚类效果,使预设的 Anchor box 更加匹配数据集中的目标。

通过在 TinyUAV 数据集上的试验证明,在输入相同分辨率的图像时,S_E_Y 轻量级检测算法达到了与常规目标检测算法近似的检测精度,而在检测速度和消耗图形处理器(Graphics Processing Unit,GPU)运算资源上远低于其他算法;同时对比轻量级目标检测算法,在使用高分辨率图像的情况下,检测精度得到了大幅度的提升,并且 S_E_Y 算法不仅能进行实时检测,精度也都优于其他算法。

3.提出针对复杂背景无人机目标检测的 UCB - IYOLOv4 算法

该研究基于 YOLOv4 目标检测算法,通过分析 YOLOv4 算法在复杂背景检测任务中存在的问题,提出 UCB - IYOLOv4 检测算法,具体包括以下内容。

(1)提出了嵌入 scSE 注意力的改进交叉阶段部分网络(CSPDarknet)特征提取网络。由于注意力机制能有效解决细粒度图像分类问题,提升算法对相似物体的识别能力,因此在 YOLOv4 骨干网 CSPDarkent 中嵌入 scSE 注意力模块,并通过研究 scSE 注意力模块嵌入到网络不同位置带来的效益,确定了嵌入的最佳位置,有效改善了 YOLOv4 算法将"伪目标"干扰物判断为目标的问题。

(2)提出了基于改进自适应空间特征融合策略(ASFF)的特征融合优化策略。为有效强化神经网络对无人机目标特征信息的表征能力,降低特征图在 Neck 部分进行多尺度特征融合时产生特征尺度冲突的问题,在 YOLOv4 算法上引入 ASFF 策略,并优化了 ASFF 特征融合方式,提出单通道级自适应融合优化策略(SCASFF),提高了检测头 Head 利用不同尺度特征信息进行预测的效益。

(3)实现了让网络专注难样本学习的损失函数设计。由于算法在进行样本学习的过程中,简单易学的样本依然占训练样本的大部分,因此在训练过程中简单样本产生的损失值容易主导模型拟合效果,导致 YOLOv4 算法忽略了复杂背景下难样本的学习。因此,通过改进 YOLOv4 算法中的损失函数,在 YOLOv4 置信度损失函数上加入难易样本学习权重,加大难样本在模型拟合过程中的损失值贡献度,让模型更加专注对难样本的学习,以解决算法误将目标判断为背景问题。

本书首先进行消融试验证明了每一个改进方式的有效性,并横向对比其他通用检测器,证明了所提出的 UCB - IYOLOv4 无人机目标检测算法能大幅度提升 YOLOv4 检测算法在复杂背景下的检测性能,相比于其他目标检测算法,UCB - IYOLOv4 在 ComplexUAV 数据集上表现出最强的性能。

4.提出了基于深度学习的红外多尺度无人机目标检测算法。

从降低模型复杂度、强化红外特征、提高多尺度目标检测性能三个角度出发,进行红外多尺度无人机目标检测算法设计。在特征提取阶段,选取 MobileNet V2 的 4 倍下采样特征作为单级感受野模块的输入,采用线性瓶颈和反残差模块在高维特征图上提取特征信息,防止适用于高维空间的非线性激活函数会对低维特征造成破坏,使模型的表达能力得到保证;在特征融合阶段,舍弃通用的特征金字塔融合网络,设计了由扩张感受野融合和自适应滤波两个阶段组成的感受野增强模块,并将 4 个扩张率分别为 2、4、6 和 8 的感受野增强模块进行串联,扩大了特征图感受野覆盖范围,同时强化不同区域间的相关性,提升网络的多尺度目标检测能力;在目标预测阶段,采用自适应样本选择方法,依据中心点距离相近的原则筛选出候选正样本,并通过方差调整特征层的选择,使网络在检测不同尺度目标时均能准确寻找到正样本,并采用 GIoU Loss 和 Focal Loss 的损失函数设计,进一步提高网络对目标的定位能力。最后在红外多尺度无人机数据集上对提出的算法进行训练和测试,并在分析实验结果的基础上进一步优化算法模块细节。

5.提出了基于深度学习的红外弱小无人机目标检测算法。

基于 YOLOv3 目标检测算法,通过分析其在红外弱小目标检测中存在的问题,提出了一种基于语义融合特征金字塔的目标检测算法(RegNet - SFFPN - YOLOXHead,RSX),用于红外弱小无人机目标检测。具体包括以下 3 点:

(1)采用 400MFRegNet 经过 2、3、4 个 block 提取的特征图,并在此基础上嵌入 scSE 注意力模块,使网络在学习中更加关注通道和空间上相对有意义的特征信息;

(2)设计了由通道分离模块、特征增强模块、权重共享卷积以及自适应特征融合模块组成的语义融合特征金字塔(Synthetic Fusion Pyramid Network,SFFPN),用于缓解深层与浅层特征图在语义性与空间性上的不均衡,使对于弱小目标检测至关重要的浅层特征得到保留和加强;

(3)采用 Anchor Free 机制、解耦头和简化正负样本分配策略(SimOTA)对检测头进行优化,以缓解检测目标尺度受预设框限制的问题,增强了对高质量样本的搜索能力。

6.实现了一种基于深度学习的无人机目标检测软件系统

首先对无人机目标检测系统进行了需求分析,而后对无人机目标检测系统的软件架构和主要工作流程进行了介绍,并对软件系统的具体实现进行了说明。为证明软件系统的可行性,以输入本地视频为例,详细介绍了系统的使用和操作方式,并对系统有无检测到无人机目标两种情况进行说明。测试结果显示,系统能够实现无人机目标的检测,并且可实现一定的警示功能,证明了系统在实际环境下具有一定的可行性。

1.5　本书结构安排

全书共分为 8 章,具体章节内容介绍如下:

第 1 章,绪论。本章主要阐述了本书研究背景及意义,梳理了基于深度学习的通用目标检测算法的发展史,并介绍了基于深度学习的无人机目标检测算法的研究现状,总结了入侵无人机检测问题的难点,论述了本书的研究问题及主要内容。

第 2 章,神经网络相关理论。本章简要介绍了本书研究内容所涉及的神经网络基本理论与方法,主要包括卷积神经网络相关概念及组成、轻量级卷积神经网络和注意力机制,以及算法评价指标等,为后文算法分析设计与应用奠定了基础。

第 3 章,无人机目标数据集构建与测试。本章主要完成了无人机数据集的构建分析和基准实验测试与分析。针对武警部队沿海、岛礁等地势开阔的执勤场景和城市、山林等背景环境复杂多变的执勤场景两种背景下的不同特点,针对性地构建了 TinyUAV 和 ComplexUAV 数据集;使用 Faster R - CNN、SSD、YOLOv3、YOLOv4 和 YOLOv4 - tiny 目标检测模型为基准模型,分别在 TinyUAV 和 ComplexUAV 数据集上进行了基准测试;构建了红外多尺度无人机数据集和红外弱小无人机数据集,并在此基础上进行了标签可视化处理和数据样本分析;使用 YOLOv3、YOLOv4、YOLOv5_s、YOLOv7、YOLOX_s 和 Faster_rcnn 目标检测模型为基准模型,分别在构建的红外无人机数据集上进行了基准测试。

第 4 章,高分辨率图像下的弱小无人机目标检测算法研究。本章提出并实现了高分辨率图像下弱小无人机目标轻量级检测算法 S_E_Y。在 TinyUAV 数据集上完成了有关图像分辨率的不同对检测弱小无人机目标所带来的性能影响这一基础试验,证明了高分辨率输入图像能有效提升算法对弱小无人机目标的检测精度,同时也导致了通用目标检测算法无法满足实时性的要求;提出了 S_E_Y 轻量级弱小无人机目标检测算法,首先结合概述中基础实验对当前算法存在的问题进行分析,并提出了 S_E_Y 算法的设计思路,以模型"骨干网-颈部-检测头"的顺序,详细介绍了基于 ShuffleNetV2 的轻量级骨干网设计、强化小目标特征表达的 EAFPN 颈部网络设计和基于 YOLO Head 的 Anchor box 检测头优化设计。完成了算法在 TinyUAV 数据集上的消融实验、横向对比实验和结果分析,并对 S_E_Y 算法在 TinyUAV 测试集的检测结果进行了可视化。

第 5 章,复杂背景下多尺度无人机目标检测算法研究。本章提出了用于复杂背景下多尺度无人机目标检测的 UCB - IYOLOv4 算法。结合第 3 章中的基础实验,对现有算法在复杂背景下实现无人机检测的情况进行了概述；从模型结构和检测流程两个方面对 YOLOv4 目标检测算法进行了详细的介绍说明，并结合该算法在 ComplexUAV 数据集上的检测结果，详细分析了 YOLOv4 算法在复杂背景检测任务中存在的问题；介绍了所提出的 UCB‐IYOLOv4 无人机目标检测算法，详细说明了算法基于 YOLOv4 算法的三个改进设计，其中包括嵌入 scSE 注意力的改进 CSPDarknet 特征提取网络设计、基于改进 ASFF 的特征融合优化策略设计和专注难样本学习的损失函数设计；对所提该章算法在 ComplexUAV 数据集上进行了实验仿真分析，包括 UCB‐IYOLOv4 算法改进设计的消融实验和与横向对比实验。

第 6 章，红外多尺度无人机目标检测算法研究。本章提出了基于深度学习的红外多尺度无人机目标检测算法。结合第 3 章中的基础实验，对现有算法在红外多尺度无人机检测中的表现进行了概述；采用简化的 MobileNet V2 作为骨干网络，通过单级感受野增强模块设计，GIoU Loss、Focal Loss 损失函数设计和自适应训练样本选择方法，提出一种轻量级的基于单级感受野增强的检测算法（Single‐stage Receptive Field Enhancement，SRFE）；对试验结果进行了可视化分析，并在此基础上优化模型结构，对算法细节进行了微调。

第 7 章，红外弱小无人机目标检测算法研究。本章提出了基于深度学习的红外弱小无人机目标检测算法；在介绍 YOLOv3 模型结构的基础上，对其在红外弱小目标检测任务中的性能表现进行分析；通过改进 RegNet 轻量级骨干网络、语义融合特征金字塔设计以及检测头优化，提出了基于语义融合特征金字塔的红外弱小目标检测算法（RSX）；在构建的红外弱小无人机数据集中对所提出的算法进行了横向对比实验和消融实验。

第 8 章，无人机目标检测软件系统实现。本章设计和实现了一种基于深度学习的无人机目标检测软件系统。首先对无人机目标检测系统进行了需求分析，而后对无人机目标检测系统的软件架构和主要工作流程进行了介绍，并对软件系统的具体实现进行了说明，最后为证明软件系统的可行性，进行了系统运行测试及分析。

第2章　神经网络相关理论

人工神经网络（Artificial Neural Networks，ANNs）也简称为神经网络（Neutral Network，NNs）或连接模型（Connection Model），它是一种模仿生物神经网络行为特征，进行分布式并行信息处理的算法数学模型，具有大规模并行处理、分布式存储、弹性拓扑、高度冗余和非线性运算等优势特点，因而具备很高的运算速度、很强的联想能力、很强的适应性、很强的容错能力和自组织能力。这些特点和能力构成了人工神经网络模拟智能活动的技术基础，并在广阔的领域获得了重要的应用。本章简要介绍了本书研究内容所涉及的神经网络基本理论与方法，主要包括卷积神经网络相关概念及组成、轻量级卷积神经网络和注意力机制，以及算法评价指标等，为本书后续基于深度学习的无人机检测算法研究提供了相关理论支撑。

2.1　概　　述

神经网络处理信息的方式与人脑相似，是由大量简单的处理元件组成的信息或信号处理系统，这些处理元件通过直接链路互连。神经网络是机器学习的子集，并且是深度学习算法的核心。神经网络由节点层组成，包含一个输入层、一个或多个隐藏层和一个输出层。每个节点也称为一个人工神经元，它们连接到另一个节点，具有相关的权重和阈值。如果任何单个节点的输出高于指定的阈值，那么该节点将被激活，并将数据发送到网络的下一层。否则，该节点不会将数据传递到网络的下一层。神经网络依赖于训练数据随时间的推移不断学习并提高其准确性。然而，一旦这些学习算法的准确性经过调优，它们便是计算科学和人工智能中的强大工具，从而可以快速地对数据进行分类。与由人类专家进行的人工识别相比，语音识别或图像识别任务可能仅需要几分钟而不是数小时。

神经网络的历史比大多数人想象得要长。虽然"一种会思考的机器"理念可以追溯到古希腊，但人们将重点关注在对神经网络的思考发生演变的关键事件上，因为多年来，神经网络的受欢迎程度忽高忽低，其发展大致经过五个阶段，分别为模型提出期、冰河期、复兴期、下降期和二次复兴期。

第一阶段开始于 1943 年，心理学家 Warren McCulloch 和数理逻辑学家 Walter Pitts 在合作的"A logical calculus of the ideas immanent in nervous activity"[79]论文中开发了第一批神经网络模型，这是迈向人工神经网络的第一步，从而开创了人工神经网络研究的时代。他们的网络基于简单的元素,这些元素被认为是具有固定阈值的二进制设备。1949
年,心理学家赫布(Hebb)在《行为组织》(*The Organization of Behavior*)[80]一书中指出,神
经通路在每次使用时都会得到加强,这是一个对人类学习方式至关重要的概念。1958 年,
心理学家罗森布拉特对感知器进行了早期研究[81]。感知器是一种根据生物学原理构造的
电子设备,具有学习能力。

第二阶段为 1969—1983 年,是神经网络发展的第一个低谷期。在此期间,神经网络的
研究处于常年停滞及低潮状态。1969 年,《感知者:计算几何导论》一书中指出了神经网络
的两个关键缺陷:一是感知器无法处理"异或"回路问题;二是当时的计算机无法支持处理大
型神经网络所需要的计算能力[82]。在这一时期,由于公众兴趣的下降和研究资金匮乏,该
领域研究进入冰河期。但依然有不少学者提出了很多有用的模型或算法,包括反向传播算
法(BackPropagation,BP)、带卷积核子采样操作的多层神经网络、新知机(Neocognitron)。
1972 年,Klopf 基于生物学原理开发了人工神经元学习的基础[83]。保罗・沃博斯(Paul
Werbos)在 1974 年开发了反向传播学习方法,并于 1975 年在福岛开发了一个逐步训练的
多层神经网络,用于解释手写字符。随后,Grossberg 在《自适应模式分类和通用记录》一文
中介绍了自适应共振作为人类认知信息处理的理论[84]。

第三阶段为 1983—1995 年,是神经网络发展的复兴期,在这一时期,反向传播算法重新
激发了人们对神经网络的兴趣。Kohonen 引入了人工神经网络,有时称为 Kohonen 映射或
网络[85]。1982 年,加州理工学院的 Hopfield 在论文中描述了作为内容可寻址存储系统的
递归人工神经网络,使数百名高素质的科学家、数学家和技术专家加入了新兴的神经网络领
域[86]。此时,最初由 Werbos 于 1974 年发现的反向传播算法于 1986 年在 Rumelhart 等人
撰写的《通过错误传播学习内部表示》一书中被重新发现[87]。反向传播算法是迄今为止最
为成功的神经网络学习算法。目前在深度学习中主要使用的自动微分可以看作是反向传播
算法的一种扩展。到 1985 年,美国物理研究所开始了一年一度的会议——计算神经网络。
1987 年,第一次关于现代神经网络的公开会议——IEEE 神经网络国际会议在圣地亚哥举
行,国际神经网络学会(INNS)成立。1988 年,INNS 期刊《神经网络》创刊,1989 年出版《神
经计算》,1990 年出版《IEEE 神经网络学报》。

第四阶段为 1995—2006 年,在此期间,支持向量机和其他更简单的方法(例如线性分类
器)在机器学习领域的流行度逐渐超过了神经网络。虽然神经网络可以很容易地增加层数、
神经元数量,从而构建复杂的网络,但其计算复杂性也会随之增长。当时的计算机性能和数
据规模不足以支持训练大规模神经网络。与 20 世纪 90 年代中期兴起的统计学习理论和以
支持向量机为代表的机器学习模型相比,神经网络的理论基础不清晰、优化困难、可解释性
差等缺点更加凸显,因此神经网络研究再次进入下降期。

第五阶段为从 2006 年开始至今,在这一时期研究者逐渐掌握了训练深层神经网络的方
法,使得神经网络重新崛起。2006 年,Hinton 等人通过逐层预训练来学习一个深度信念网
络,并将其权重作为一个多层前馈神经网络的初始权重,再用反向传播算法进行精调。这种
"预训练+精调"的方式可以有效地解决深度神经网络难以训练的问题。2009—2012 年间,
Schmidhuber 的研究小组开发了递归神经网络和深度前馈神经网络[88]。2014 年,国际商业

机器公司(IBM)的科学家推出了处理器(TrueNorth),其架构与大脑中存在的架构相似。IBM 推出了邮票大小的集成电路,能够实时模拟数百万个神经元和 2.56 亿个突触的工作。该系统每秒能够执行 460 亿到 4 000 亿次突触操作。在强大的计算能力和海量的数据规模支持下,计算机已经可以端到端地训练一个大规模网络,不再需要借助预训练的方式。目前,神经网络领域已经取得了重大进展,足以引起大量关注并为进一步研究提供资金。今天,有关神经网络的讨论到处都在发生。超越当前商业应用的发展似乎是可能的。基于神经理论的芯片正在出现,在复杂问题上的应用也在发展。显然,今天是神经网络技术的过渡时期。

2.2　神经网络基本原理

基于深度学习的目标检测、自然语言处理、强化学习等算法都是以神经网络为基础的。而深度学习可以理解为由多层神经网络构成的神经网络模型。因此,在学习基于深度学习的目标检测算法之前,有必要先掌握神经网络基本原理。本节主要介绍神经网络原理中的神经元模型、感知机与多层神经网络、误差逆传播算法与激活函数。

2.2.1　神经元模型

神经元是神经网络中最基本的结构,也可以说是神经网络的基本单元,它的设计灵感完全来源于生物学上神经元的信息传播机制。在中学,我们都学过神经元有两种状态,分别是兴奋和抑制状态。一般情况下,多数神经元处于抑制状态,但是一旦某神经元接收到刺激,且该刺激导致的神经元电位超过某个阈值,该神经元就会变成兴奋状态。神经元兴奋状态下会向下一个神经元传递刺激。

1943 年,McCulloch 和 Pitts 提出了一种具有开创意义的神经元数学描述,即我们现在常用的 M-P 神经元模型,如图 2-1 所示。

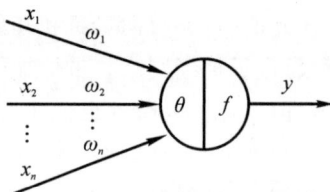

图 2-1　M-P 神经元模型

对于某个神经元,它同时接收了多个输入信号,用 x_i 表示。由于生物神经元具有不同的突触性质和突触强度,所以对神经元的影响不同,引入 w_i 权值代表来自不同刺激源对该神经元的影响敏感程度。θ 表示神经元的激活阈值,或者称为偏置(bias)。由于累加性,对全部的输入信号进行加权求和,而后通过激活函数 f,激活函数可以用一个阶跃方程来表示,大于阈值激活,否则神经元将处于抑制状态。整个过程可以用下式表示。

$$y = f\Big(\sum_{i=1}^{n} w_i x_i - \theta\Big) \qquad (2-1)$$

$$f(x) = \begin{cases} 1, & x \geqslant 0 \\ 0, & x < 0 \end{cases} \qquad (2-2)$$

二值阶跃函数的 0 和 1 分别对应神经元的抑制和兴奋状态,该函数十分符合生物特性,但是由于阶跃函数具有不连续、不光滑等不利于网络训练的性质,所以在后续神经网络的发展中引入了更多类型的激活函数。

2.2.2　感知机与多层神经网络

感知机(perceptron)是由两层神经元组成的结构,如图 2-2 所示,输入层用于接收外界输入信号,输出层(也被称为是感知机的功能层)就是 M-P 神经元。事实上,感知机是一种判别式的线性分类模型,可以解决与、或、非这样的简单的线性可分(linearly separable)问题。

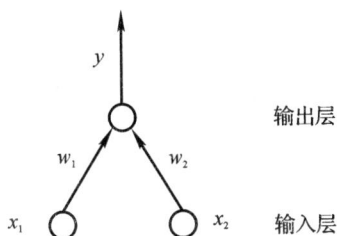

图 2-2　两个输入神经元的感知机模型

该感知机可以使用类似于机器学习中的监督学习去学习未知权值:若训练数据的输出值比标签低,则增加相应权重;若比标签高,则减少相应权重。具体步骤如下。

(1)给权重系数置初始值。

(2)对于训练集中一个实例输入,计算感知机的输出值。

(3)若感知机的输出值和实例中默认正确的输出值不同,则调整权重系数。如输出值应该为 0 但是感知机结果为 1,则减少输入值是 1 的权重系数。

(4)重复迭代训练集数据,直到感知机不出错为止。

由于单层感知机只有一层功能神经元,所以学习能力非常有限。事实证明,单层感知机无法解决最简单的非线性可分问题——异或问题。要解决非线性可分问题,需考虑使用多层功能神经元,图 2-3 所示为两层感知机,容易看出该两层感知机可以解决异或问题。在两层感知机中,输入层与输出层之间的一层神经元被称为隐藏层,隐藏层和输出层都是拥有激活函数的功能神经元。

但是实际生活中问题的复杂性要远不止异或问题这么简单,所以我们往往要构建多层网络,而对于多层神经网络采用什么样的学习算法又是一项巨大的挑战,如图 2-4 所示,不计入偏置 bias 参数一共有 33 个参数,需要用到更强大的学习算法来学习这些参数。

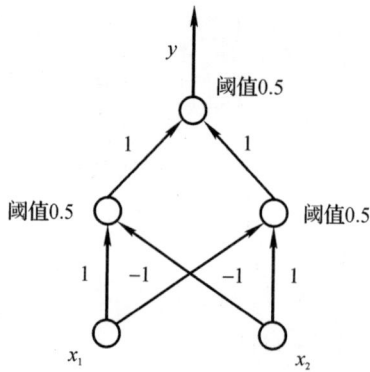

图 2 - 3　两层感知机

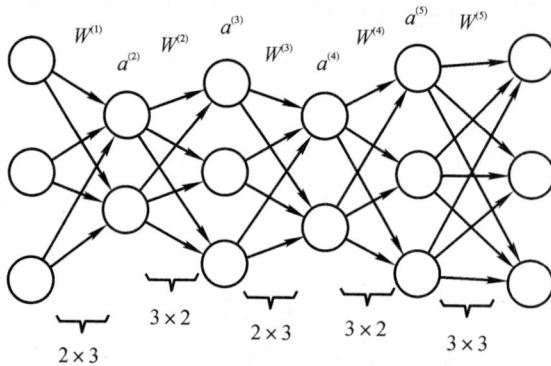

图 2 - 4　含 4 层隐藏层的神经网络结构

2.2.3　误差逆传播算法

所谓神经网络的训练或者学习,其主要目的在于通过学习算法得到神经网络解决指定问题所需的参数,这里的参数包括各层神经元之间的连接权重以及偏置等。我们通常是根据实际问题来构造网络结构的,参数的确定则需要神经网络对训练样本和学习算法来迭代找到最优参数组。在神经网络的学习算法中,最杰出的算法是误差逆传播(error BackPropagation,BP)算法,该算法通常用在最广泛使用的多层前馈神经网络中。

BP 算法主要流程总结如下:

输入:训练集 $D = (x_k, y_k)_{k=1}^m$,学习率 α。

(1)在 $(0,1)$ 范围内随机初始化网络中所有连接权和阈值。

(2)Repeat:

For all $(x_k, y_k) \in D$ do

根据当前参数计算当前样本的输出;

计算输出层神经元的梯度项;

计算隐藏层神经元的梯度项;

　　　　根据学习率 α 更新连接权与阈值；

　　　　End for

　　Until 达到停止条件

输出:连接权与阈值确定的多层前馈神经网络。

该算法的主要思想为将每一个训练样本的输入示例交给输入层神经元,并一层一层地将信号向前传递,直到输出层产生输出值;再根据得到的输出值计算输出值与示例真实值的误差,而后将误差逆向传播到隐藏层的神经元;接着根据隐藏层神经元计算得来的误差来调整连接的权值和神经元的阈值;最后不断迭代以上步骤,直到达到训练停止条件。这样便得到了一个与训练样本数据吻合的神经网络模型。

2.2.4　激活函数

为了增加神经网络模型的非线性变化,通常使用激活函数。激活函数使得神经网络可以任意逼近任何非线性函数,这样神经网络就可以应用到众多的非线性模型中。目前常用的激活函数包括 ReLU[89]、Leaky ReLU 以及 Mish[90] 函数等。

1.ReLU 函数

ReLU 函数的全名为修正线性单元(Rectified Linear Unit,ReLU),其表达式为

$$\text{ReLU}(x) = \begin{cases} x & , \quad x \geqslant 0 \\ 0 & , \quad x < 0 \end{cases} \tag{2-3}$$

ReLU 函数曲线如图 2-5 所示。可以看出,当输入大于 0 时,梯度会一直保持为 1,因此不会存在梯度消失的问题。

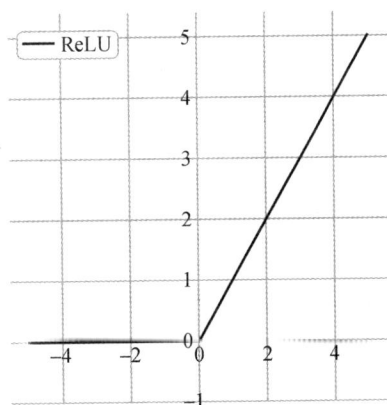

图 2-5　ReLU 函数曲线图

2.Leaky ReLU 函数

Leaky ReLU 函数是 ReLU 函数的一种改进设计。由 ReLU 函数曲线图可知,当输入小于 0 时,梯度一直为 0,这会带来梯度消失的问题。因此为解决上述问题,Leaky ReLU 函数对小于 0 的输入进行了优化,其表达式为

$$\text{Leaky ReLU}(x) = \begin{cases} x & , \quad x \geqslant 0 \\ ax & , \quad x < 0 \end{cases} \quad (2-4)$$

在式(2-4)中,a 用于控制输入小于 0 时被压缩的权重。由 Leaky ReLU 函数关系式可知,输入小于 0 时,梯度值为 a,因此解决了输入负值时容易产生的梯度消失问题。Leaky ReLU 函数曲线如图 2-6 所示,图中权重 a 设定为 0.1。

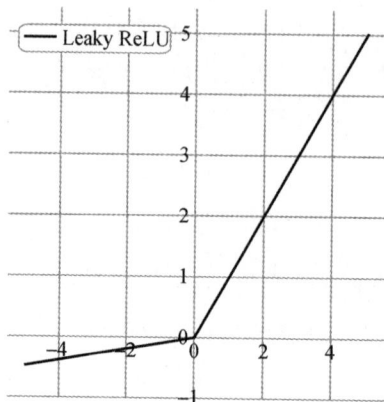

图 2-6 **Leaky ReLU 函数曲线图**

3.Mish 函数

Mish 函数是 2019 年提出的较为新颖的激活函数,在 YOLOv4 系列的网络中被使用,并得到了较好的性能提升。Mish 函数表达式为

$$\text{Mish}(x) = x \cdot \tanh[\log(1 + e^x)] \quad (2-5)$$

Mish 函数曲线图如图 2-7 所示。

由 Mish 函数表达式和曲线图可得,Mish 函数在输入负数到正数的过渡上进行了更加平滑的处理,由于更平滑的激活函数允许更好的信息深入神经网络[59],因此网络会有更好的准确性和泛化能力。

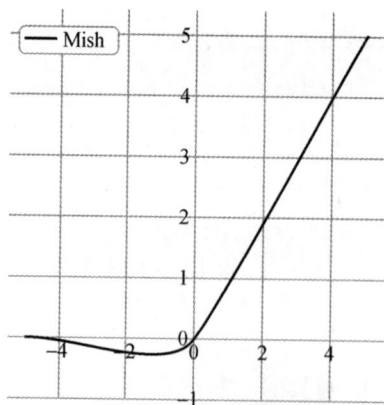

图 2-7 **Mish 函数曲线图**

2.3 卷积神经网络基本组成

深度学习的目标检测算法通常使用的是包含卷积计算且具有深度结构的前馈神经网络[91],即卷积神经网络(Convolutional Neural Networks,CNN)[92]。卷积神经网络主要由卷积层、池化层、全连接层等组成,但全卷积网络(FCN)[93]的提出去掉了网络中的全连接层,目前的目标检测算法大多是不包含全连接层的神经网络。同时,现有的目标检测网络中,还加入了批量归一化(BN)层[94]等设计用于优化 CNN 的性能,因此本节将对现有 CNN 中的重要组成部分进行介绍。

2.3.1 卷积层

卷积层实际上是进行卷积核与特征图之间的卷积运算,即进行矩阵的点乘加求和运算,用以提取数据的特征信息。在卷积运算中设定的参数包括卷积核大小(kernel size)、步长(stride)、填充(padding)等。其中卷积核大小(kernel size)通常以 1×1 或 3×3 尺寸为主;步长(stride)用于决定卷积核在特征图上滑动的距离;padding 操作用于控制特征图的输出大小,防止其边缘信息丢失或边缘的异常响应,通常 padding 操作是将特征图周围补 0。图 2-8 展示了具体的卷积操作流程。

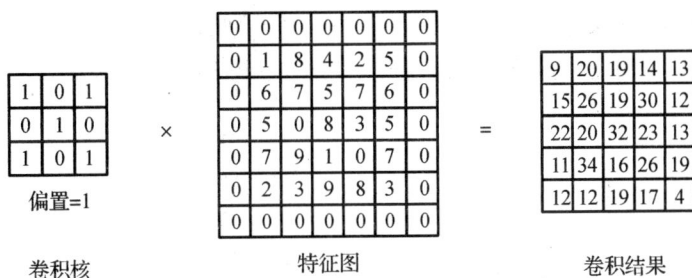

图 2-8 卷积操作示意图

图中卷积核 kernel size 大小为 3,步长设置为 1,使用 padding 为 1 的操作对 5×5 的特征图周围补 0,最终输出 5×5 大小的特征图。由此可见,通过卷积运算,输入与输出特征图维度的关系式为

$$output = \left\lfloor \frac{n + 2p - k}{s} \right\rfloor + 1 \qquad (2-6)$$

式中:output 为卷积运算后输出特征图的尺寸;n 为输入特征图的大小;p 为填充 padding;s 为步长 stride;方括号表示向下取整。

2.3.2 BN 层

BN 层全名为 Batch Normalization(批量归一化)[94],是构建深度神经网络的重要部分。

在网络不断加深的同时,模型训练过程中浅层参数的微小变化在经过多次线性变换和激活后被放大,导致网络深层的参数要不断调整以适应这些变化,最终导致网络难以训练。为解决上述问题,BN 层被提出。BN 层对每个 Batch 的输入特征数据进行去均值方差操作,其具体过程如下:

$$\mu_B \leftarrow \frac{1}{m} \sum_{i=1}^{m} x_i \tag{2-7}$$

$$\sigma_B^2 \leftarrow \frac{1}{m} \sum_{i=1}^{m} (x_i - \mu_B)^2 \tag{2-8}$$

$$\hat{x}_i \leftarrow \frac{x_i - \mu_B}{\sqrt{\sigma_B^2 + \varepsilon}} \tag{2-9}$$

设一个 Batch 的输入数据为 $X = \{x_1, \cdots, x_m\}$,通过式(2-7)求得 Batch 的均值,并通过式(2-8)求得 Batch 的方差,利用式(2-9)获得去均值方差后的结果。对输入数据进行去均值方差的操作,能够固定每一层的输入分布,加速深层卷积网络的收敛,防止模型过拟合。

去均值方差虽然对加速模型的训练起到了较大作用,但也约束了网络中数据的表达,限制了浅层网络中学习到的特征信息。因此 BN 层在完成上述操作后加入了一个线性变换的操作(见下式):

$$y_i \leftarrow \gamma \hat{x}_i + \beta \tag{2-10}$$

式中:参数 γ 和 β 为可学习的参数。

通过上述操作,在深度神经网络模型的训练过程中,BN 层的使用有效缓解了梯度消失或爆炸的问题,同时加速了网络的收敛速度,并防止网络过拟合,同时也简化了网络的调参,使网络更加稳定。

2.3.3 池化层

池化层是在卷积神经网络中起到降低特征维度、减少运算参数量、防止网络过拟合的作用,同时池化操作还拥有特征不变性和扩大感受野的重要作用[95]。

在目标检测中常用的池化操作包括最大池化(Max Pooling)和平均池化(Average Pooling)。其中需要设定的参数包括核大小(kernel size)和步长(stride),步长(stride)通常设定为 2,用于将输出特征图降低到输入特征图大小的一半,Max Pooling 是保留 kernel size 范围中特征图上最大的特征值,而 Average Pooling 是输出 kernel size 范围内特征值的平均值。

2.3.4 特征融合

卷积神经网络更深层的特征将具有更强的不变性,语义信息丰富,非常适用于分类,而较浅层的语义特征信息不足,但其特征图中包含更多有助于目标定位的纹理信息。因此,CNN 模型中深度和浅层特征的融合有助于提高不变性和等方差性[8]。特征图之间元素特征融合的方式共包括以下 3 种方式:①元素相加"Shortcut";②元素相乘;③通道拼接"Concat",如图 2-9 所示。

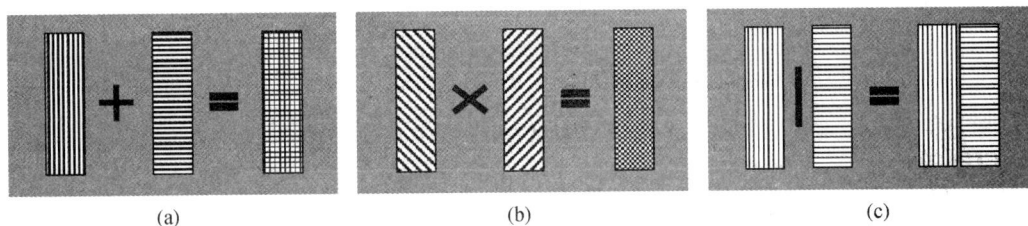

图 2-9　特征融合示意图

图 2-9(a)表示元素相加"Shortcut"运算,即对应特征图上相同位置的特征值相加求和得到融合后新的特征图;图 2-9(b)表示元素相乘运算,即对应特征图上相同位置的特征值相乘得到融合后新的特征图;图 2-9(c)表示特征图通道拼接,即两个特征图在通道维度进行连接得到新的特征图。其中元素相加和元素相乘操作都要求进行融合的两个特征图具备相同的大小和通道维度,而通道拼接仅要求两个特征图有相同的大小即可。

2.3.5　感受野

感受野(Receptive Field)是指特征图上的某个点所涵盖输入图像的某个区域的信息,如图 2-10 所示。

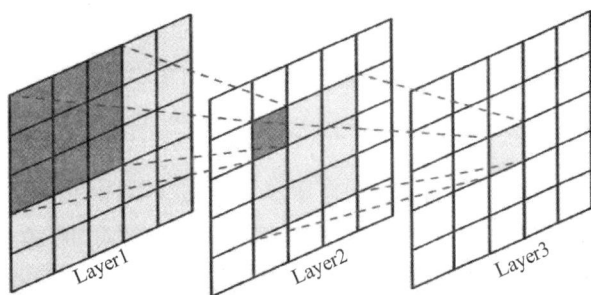

图 2-10　感受野示意图

卷积神经网络中感受野受卷积层和池化层的影响。对于卷积层,若上一层感受野大小为 RF_l,当前卷积层卷积核大小为 k,前 l 层的步长为 S_l 之积,即 $S_l = \prod_{i=1}^{l} Stride_i$,则当前层感受野大小计算式为

$$RF_{l+1} = RF_l + (k-1) \times S_l \tag{2-11}$$

但在实际情况下,感受野呈高斯分布,有效感受野(Effective Receptive Field)仅占理论感受野的一部分[96]。理解感受野是理解卷积神经网络的基础,特别是对于 Anchor 机制的目标检测网络来说,Anchor 大小是否与感受野相互匹配对算法的检测性能起到至关重要的作用。

2.4 算法评价指标

评估一个检测器的性能好坏是根据任务要求的不同多方面综合评估的,其中包括对检测器的检测精度、速度、模型复杂程度等的评测。本节会对本书将使用到的评估指标进行说明。

1. P - R 曲线和平均精度(AP)

在介绍 P - R 曲线之前,首先需要说明交并比(IoU)的概念。

交并比(Intersection of Union, IoU)主要是用于判断预测框质量的高低,其计算式为

$$\text{IoU}_{A,B} = \frac{S_A \bigcap S_B}{S_A \bigcup S_B} \qquad (2-12)$$

式中: $\text{IoU}_{A,B}$ 为预测框与真实框之间的重合程度。当 IoU 结果大于某个阈值时,则判断预测结果是有效的,反之则判断为无效预测框。通常阈值设为 0.5。

同时,在目标检测的评测阶段会将预测结果划分为 4 种样本,即正确检测到目标(True Positive, TP)、将背景误检为目标(False Positive, FP)、没有检测出目标(False Negative, FN)以及正确判断为背景(True Negative, TN)。

基于上述理论,可定义查准率(Precision, P)和召回率(Recall, R)。其中查准率 P 是指预测样本中预测正确的比例,其计算式为

$$P = \frac{\text{TP}}{\text{TP} + \text{FP}} \qquad (2-13)$$

查全率 R 是指在真实样本中预测正确的比例,其计算式为

$$R = \frac{\text{TP}}{\text{TP} + \text{FN}} \qquad (2-14)$$

通常查准率和查全率是相互矛盾的,当 $P=1$ 时,即所有的预测样本都预测正确时,往往查全率非常低;而当 $R=1$ 时,即所有真实目标都被检测出来时,查准率往往会极低。在实际的算法评估中,直接使用查准率或查全率是不准确的,为了更准确地评估模型的性能,引入 P - R 关系曲线。

P - R 曲线是表示结果查准率(Precision)和查全率(Recall)之间的关系曲线。具体是将预测结果按照其置信度由高至低的顺序进行排列,并依次按照上述顺序的置信度值作为判断正负样本的阈值,并计算每一个阈值下的 Precision 和 Recall,构成 P - R 曲线。 P - R 曲线图以查准率 P 为纵坐标,查全率 R 为横坐标,并将计算得到的多组 (P, R) 值在坐标系中连接,最终构成 P - R 关系曲线图。

为了定量地对比不同算法的 P - R 曲线,引入平均精度(Average Precision, AP)。AP 是目前评估检测算法精度最常用的评估指标,其表达式为

$$\text{AP} = \int_0^1 P(R) \, \text{d}R \qquad (2-15)$$

由式(2-15)可知,AP 表示查全率从 0~1 范围内对查准率的积分,即 P - R 曲线下的

面积。当 AP 越趋近于 1 时,则表示算法检测精度越高。

2.误检率(FP－rate)

误检率(False Positive rate,FP－rate)又称为虚警率,即在所有预测错误的样本中误将其他物体预测为真实目标样本所占的比例。误检率的表达式为

$$FP-rate=\frac{FP}{FP+TN} \tag{2-16}$$

3.FLOPs 和 Parameters

浮点运算次数(FLOPs)和模型参数量(Parameters,简称 Params)是衡量算法模型复杂程度的重要指标。通常在卷积运算中,当输入 $H_{in}\times W_{in}\times C_{in}$ 大小的特征图,卷积核大小为 $K_H\times K_W$,输出特征图为 $H_{out}\times W_{out}\times C_{out}$ 时,产生的参数量 Params 为

$$Params=(K_H\times K_W\times C_{in})\times C_{out}+C_{out} \tag{2-17}$$

式中:单独加入的 C_{out} 代表卷积层中偏置参数的个数。

FLOPs 浮点运算次数的计算式为

$$FLOPs=Params\times(H_{out}\times W_{out}) \tag{2-18}$$

4.FPS

FPS 即每秒处理图片的数量(Frame Per Second,FPS),是衡量算法检测实时性的重要指标。在目标检测中,通常将 FPS 大于等于 30 帧/s 定义为实时检测。

2.5　轻量级卷积神经网络

现实场景下的目标检测任务往往对检测模型的准确性和实时性都有较高的要求,特别是对于以视频输出的目标检测任务,检测模型更需要保证高实时性能。当前经典的目标检测模型使用的深度神经网络结构大多十分复杂,导致了模型具有巨大的参数量和计算量,这对计算平台的硬件要求较高,对于普通硬件设备或是移动终端等计算力有限的硬件平台,目前难以达到实时运行的要求,因此为有效解决此问题,研究人员提出了轻量化的网络设计。

本节将主要介绍 3 种目前常用的轻量级神经网络,其中包括 SqueezeNet[97]、MobileNet[42-43]和 ShuffleNet[98-99]。

2.5.1　SqueezeNet 网络

随着网络模型准确性的不断提升,网络的复杂程度也不断加大,因此如何在不大幅降低模型精度的前提下,最大限度提高模型的运算速度,成为模型优化设计的一个新的研究方向。基于此,Han 等人[97]从网络结构优化的角度出发,于 2016 年提出了一种通道压缩再扩展的轻量化网络模型 SqueezeNet。

SqueezeNet 网络主要由名为 Fire Module 的核心模块组成,具体结构如图 2－11 所示。图中 Fire Module 模块以大小为 $H\times W$、通道数为 C 的特征图作为输入,先通过 Squeeze 层

进行通道压缩,即使用 1×1 卷积将通道数为 C 的特征图在不改变特征图大小的情况下将通道数降低至 S,达到通道压缩的目的;再通过 Expand 层进行通道扩展,即并行地使用 1×1 和 3×3 的卷积获取不同大小的感受野,并将通道数 S 拓展到 E_1 和 E_2,其中 Fire Module 模块默认 $E_1=E_2=4S$;最后再使用 Concat 层将通道拓展后不同感受野的特征图进行通达拼接,作为最终输出。

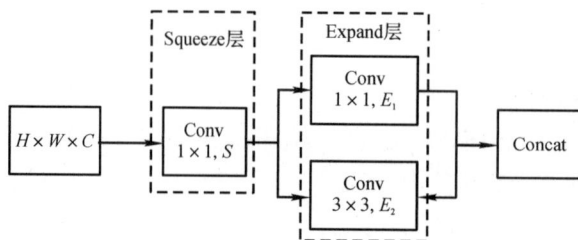

图 2-11 SqueezeNet 网络的 Fire Module 模型结构

综合上述 Fire Module 模块的结构设计,可以看出 SqueezeNet 网络主要从三个方面实现了网络模型的参数优化和性能提升。

(1)使用更小的卷积核。在 Fire Module 模块中,将 1×1 大小的卷积核代替了部分 3×3 的卷积核,此方法将卷积的参数量降低为原料的 1/9,有效降低了模型的参数量。

(2)降低输入通道维度。Fire Module 模块中通过 Squeeze 层使用 1×1 大小的卷积核将通道数从 C 压缩至 S,通道数的降低大大减少了后续卷积操作所使用的卷积核的数量,进一步降低了模型的计算量和参数量。

(3)融合多尺度感受野特征图。Expand 层使用了 1×1 和 3×3 两种不同大小的卷积核作用于输入特征图,输出两种不同大小感受野的特征图,并使用 Concat 对特征图进行通道拼接,保证了输出特征图拥有更加丰富的特征信息。

基于上述 Fire Module 模块,SqueezeNet 网络的整体结构如图 2-12[97] 所示。SqueezeNet 是由 9 个 Fire 模块结合卷积网络中卷积层 Conv、降采样层 Maxpool 等层组成的,同时将模型最后的常用的全连接层用全局平均池化 Avgpool 层代替,同样起到了减少了模型运算量的作用。

层	输出尺寸	核大小	步长
Image	224×224×3		
Conv1	111×111×96	7×7	2
Maxpool1	55×55×96	3×3	2
Fire2	55×55×128		
Fire3	55×55×128		
Fire4	55×55×256		
Maxpool4	27×27×256	3×3	2
Fire5	27×27×256		
Fire6	27×27×384		
Fire7	27×27×384		
Fire8	27×27×512		
Maxpool8	13×13×512	3×3	2
Fire9	13×13×512		
Conv10	13×13×1 000	1×1	1
Avgpool	1×1×1 000	13×13	1

图 2-12 SqueezeNet 网络整体结构图[62]

SqueezeNet 网络模型的优化设计大幅度降低了模型的参数量,整个模型参数量只有 AlexNet 网络的 1/50,而性能却与 AlexNet 相近,在 ImageNet 图像分类任务上实现了和 AlexNet 相同的正确率。

2.5.2　MobileNet 网络

MobileNet 网络是由谷歌公司于 2017 年推出的一种专为移动设备或嵌入式设备设计的轻量级神经网络,不同于 SqueezeNet 网络通过优化网络结构的方式降低模型的复杂度,MobileNet 网络利用了更为高效的深度可分离卷积的方式实现网络的轻量化,深度可分离卷积的使用也进一步推动了轻量级网络的发展。

深度可分离卷积由逐通道卷积(Depth - Wise,DW)和逐点卷积(Point - Wise,PW)两个卷积步骤构成,其具体结构如图 2 - 13 所示。逐通道卷积(DW)操作是将输入大小为 $H \times W$、通道数为 C 的特征图利用 C 个 $3 \times 3 \times 1$ 的卷积核逐个通道进行卷积操作,并输出 $H \times W \times C$ 的特征图;由于逐通道卷积不改变特征图的通道数,只对单个通道的特征图进行了信息融合,并且缺乏通道间的信息交互,因此还需将输出的特征图再通过逐点卷积(PW)操作,即通过 C_{out} 个大小为 $1 \times 1 \times C$ 的卷积核,最终得到 $H \times W \times C_{\text{out}}$ 的特征图输出。

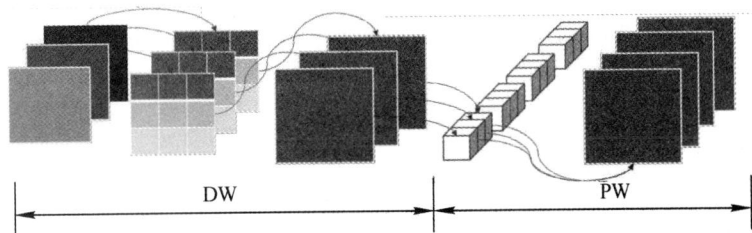

图 2 - 13　深度可分离卷积运算示意图

为了更加清晰地表示深度可分离卷积与标准卷积之间的参数量和浮点运算量之间的差异,下面通过计算实例进行直观对比分析。假设对标准卷积(标准卷积使用 3×3 大小的卷积核)和深度可分离卷积,均输入 $H \times W \times C$ 的特征图和输出 $H \times W \times C_{\text{out}}$ 的特征图。

则通过标准卷积后所需的卷积核参数量为

$$\text{Params} = (3 \times 3 \times C) \times C_{\text{out}} \tag{2-19}$$

通过标准卷积后的浮点运算量为

$$\text{FLOPs} = 3 \times 3 \times C \times H \times W \times C_{\text{out}} \tag{2-20}$$

则通过深度可分离卷积后所需的卷积核参数量为

$$\text{Params} = (3 \times 3 \times 1) \times C + (1 \times 1 \times C) \times C_{\text{out}} \tag{2-21}$$

式中:$(3 \times 3 \times 1) \times C$ 代表逐通道卷积(DW)操作所需的参数量;$(1 \times 1 \times C) \times C_{\text{out}}$ 代表逐点卷积(PW)操作所需的参数量。

通过深度可分离卷积后的浮点运算量为

$$\text{FLOPs} = 3 \times 3 \times C \times H \times W + 1 \times 1 \times C \times H \times W \times C_{\text{out}} \tag{2-22}$$

式中：$3 \times 3 \times C \times H \times W$ 代表逐通道卷积(DW)操作所需的浮点运算量；$1 \times 1 \times C \times H \times W \times C_{\text{out}}$ 代表逐点卷积(PW)操作所需的浮点运算量。

将上述标准卷积和深度可分离卷积的参数量和浮点运算量进行比较,结果如下：

$$r_{\text{Params}} = \frac{(3 \times 3 \times 1) \times C + (1 \times 1 \times C) \times C_{\text{out}}}{(3 \times 3 \times C) \times C_{\text{out}}} = \frac{1}{C_{\text{out}}} + \frac{1}{9} \approx \frac{1}{9} \qquad (2-23)$$

$$r_{\text{FLOPs}} = \frac{3 \times 3 \times C \times H \times W + 1 \times 1 \times C \times H \times W \times C_{\text{out}}}{3 \times 3 \times C \times H \times W \times C_{\text{out}}} = \frac{1}{C_{\text{out}}} + \frac{1}{9} \approx \frac{1}{9}$$

$$(2-24)$$

由式(2-23)和式(2-24)可知,虽然深度可分离卷积将卷积过程分为了两步,但凭借其轻量的卷积方式,总体计算量和所需参数量均为标准卷积的1/9,极大地减少了卷积过程的计算量。

MobileNetV1网络模型是由上述深度可分离卷积作为基本单元堆叠而成的,具体结构如图2-14所示。图中 dw 代表一个逐通道卷积,其后跟随一个1×1的逐点卷积共同构成深度可分离卷积,s2 和 s1 分别代表步长为 2 和 1 的卷积。

类型/步长	卷积核大小	输入尺寸
Conv / s2	$3 \times 3 \times 3 \times 32$	$224 \times 224 \times 3$
Conv dw / s1	$3 \times 3 \times 32$ dw	$112 \times 112 \times 32$
Conv / s1	$1 \times 1 \times 32 \times 64$	$112 \times 112 \times 32$
Conv dw / s2	$3 \times 3 \times 64$ dw	$112 \times 112 \times 64$
Conv / s1	$1 \times 1 \times 64 \times 128$	$56 \times 56 \times 64$
Conv dw / s1	$3 \times 3 \times 128$ dw	$56 \times 56 \times 128$
Conv / s1	$1 \times 1 \times 128 \times 128$	$56 \times 56 \times 128$
Conv dw / s2	$3 \times 3 \times 128$ dw	$56 \times 56 \times 128$
Conv / s1	$1 \times 1 \times 128 \times 256$	$28 \times 28 \times 128$
Conv dw / s1	$3 \times 3 \times 256$ dw	$28 \times 28 \times 256$
Conv / s1	$1 \times 1 \times 256 \times 256$	$28 \times 28 \times 256$
Conv dw / s2	$3 \times 3 \times 256$ dw	$28 \times 28 \times 256$
Conv / s1	$1 \times 1 \times 256 \times 512$	$14 \times 14 \times 256$
5× Conv dw / s1	$3 \times 3 \times 512$ dw	$14 \times 14 \times 512$
Conv / s1	$1 \times 1 \times 512 \times 512$	$14 \times 14 \times 512$
Conv dw / s2	$3 \times 3 \times 512$ dw	$14 \times 14 \times 512$
Conv / s1	$1 \times 1 \times 512 \times 1024$	$7 \times 7 \times 512$
Conv dw / s2	$3 \times 3 \times 1024$ dw	$7 \times 7 \times 1\,024$
Conv / s1	$1 \times 1 \times 1024 \times 1024$	$7 \times 7 \times 1\,024$
Avg Pool / s1	Pool 7×7	$7 \times 7 \times 1\,024$
FC / s1	1024×1000	$1 \times 1 \times 1\,024$
Softmax / s1	Classifier	$1 \times 1 \times 1\,000$

图 2-14　MobileNetV1 网络整体架构图

MobileNetV1网络利用深度可分离卷积大幅度地降低了模型的参数量和计算量,但由于 MobileNetV1 网络整体结构并不先进,仅仅是模块简单的堆叠,缺少类似残差等结构,因此 MobileNetV1 网络存在较大的提升空间。

基于 MobileNetV1 网络谷歌公司在 2018 年提出了 MobileNetV2 轻量级网络。相比 MobileNetV1,MobileNetV2 借鉴了 ResNet 等先进的网络设计,提出了 Linear bottlenecks 与 Inverted residual block 作为网络基本模块,并通过大量的堆叠,构成了 MobileNetV2 的网络结构。最终,在 FLOPs 只有 MobileNetV1 一半的情况下取得了更高的分类精度。

2.5.3 ShuffleNet 网络

ShuffleNet 系列网络是旷视科技公司提出的轻量化网络结构,到目前为止,该系列网络共有两种典型的结构,即 ShuffleNetV1[98] 与 ShuffleNetV2[99]。本节主要对 ShuffleNetV1 网络结构进行介绍,ShuffleNetV2 网络结构将在本书第 4 章 4.2.2 节中进行说明。

由于深度可分离卷积中用到了大量的 1×1 逐点卷积进行通道维度的调整,其占据较大的运算量,而如果仅仅将 1×1 逐点卷积改为分组卷积,虽然会进一步降低模型的运算量,但组卷积会阻碍特征图通道之间信息的融合,因此 ShuffleNetV1 网络提出了一种名为通道混洗 Channel Shuffle 的操作,在保证模型准确率的情况下进一步降低了模型的运算量。

Channel Shuffle 操作对提升轻量级网络特征表达能力有着巨大的作用,其具体实现如图 2-15 所示。

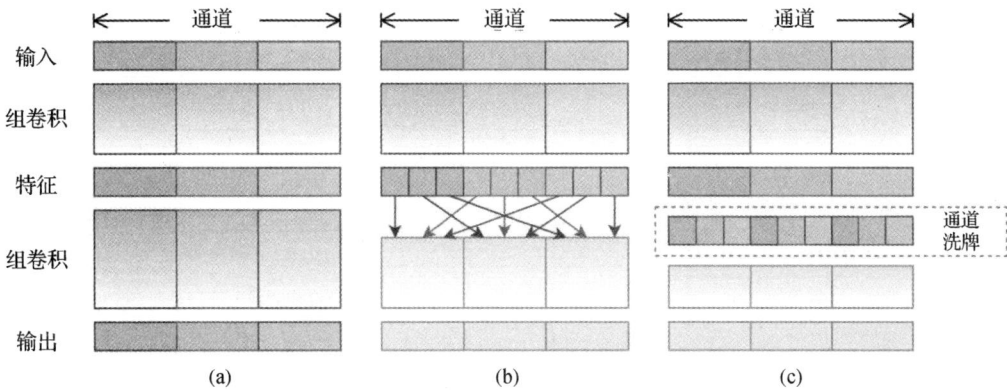

图 2-15 Channel Shuffle 原理图[63]

图 2-15 中"GConv"表示分组卷积,由于分组卷积能降低模型的参数量和运算量,因此分组卷积是轻量级网络中的必要组成单元,但如图 2-15(a)所示,分组卷积操作会切断特征图通道之间的通信,降低网络特征的传递和提取能力。Channel Shuffle 的理念如图 2-15(b)所示,即在一个组卷积之后,将特征图之间的通道信息进行融合,Channel Shuffle 的具体操作如图 2-15(c)所示,通过对分组卷积中特征图通道进行通道混洗并有规律地重组,解决分组卷积之间特征通信受阻的问题。

利用 Channel Shuffle 并结合上述深度可分离卷积理论,ShuffleNetV1 网络提出了两种基本模块,具体结构如图 2-16 所示。

图 2-16(a)是 ShuffleNetV1 的基本单元,由两个 1×1 的组卷积(GConv)、3×3 逐通道卷积(DWConv)和 Channel Shuffle 操作构成,其中 1×1 的组卷积和 Channel Shuffle 代替了 1×1 逐点卷积操作,大大降低了计算量。图 2-16(b)中的模块是带有下采样的模块,其中 3×3 逐通道卷积将步长 stride 设置为 2,同时旁路使用了步长 stride 为 2 的平均池化进行下采样。另外,在模块输出上使用了 Concat 的特征融合方式,实现了下采样时通道维度的增加。通过图 2-16(a)(b)两个模块的堆叠形成了 ShuffleNetV1 网络,其具有比

MobileNet 更高效的运行速度。ShuffleNetV1 网络的整体架构图如图 2-17 所示。

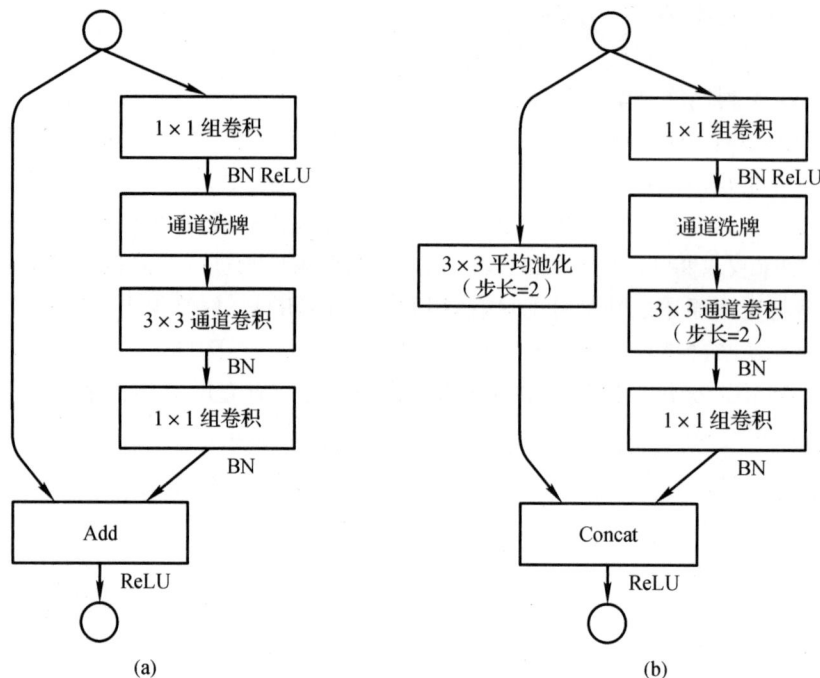

(a)   (b)

图 2-16　ShuffleNetV1 基本模块结构图[63]

层	输出尺寸	卷积大小	步长	重复次数	输出通道　（g　组　）				
					$g=1$	$g=2$	$g=3$	$g=4$	$g=8$
Image	224×224				3	3	3	3	3
Conv1	112×112	3×3	2	1	24	24	24	24	24
MaxPool	56×56	3×3	2						
Stage2	28×28		2	1	144	200	240	272	384
	28×28		1	3	144	200	240	272	384
Stage3	14×14		2	1	288	400	480	544	768
	14×14		1	7	288	400	480	544	768
Stage4	7×7		2	1	576	800	960	1 088	1 536
	7×7		1	3	576	800	960	1 088	1 536
GlobalPool	1×1	7×7							
FC					1 000	1 000	1 000	1 000	1 000
Complexity					143M	140M	137M	133M	137M

图 2-17　ShuffleNetV1 网络的整体架构图

2.6　注意力机制

　　注意力机制是一种基于数据驱动的机制，在深度神经网络引入该机制可以利用少量的计算量和参数量为代价，显著地提升模型精度，拥有着不错的性价比。目前注意力机制主要分为通道注意力机制、空间注意力机制和自注意力机制三类。下面介绍几种经典的注意力机制以及近几年新提出来的轻量级注意力机制。

2.6.1　挤压和注意力机制(SE)

自 SENet[100] 赢得了 2017 届 ImageNet 分类比赛的冠军后,越来越多的研究者开始对注意力机制进行研究。其核心部分如图 2-18 所示,U 张量是由前面的特征图经过卷积所得到的,首先进行 $F_{sq}(\cdot)$ 压缩操作,一般采用求每一张特征图的全局均值,以实现对空间维度的压缩,最后得到与特征图数量相同的标量。而后进行 $F_{ex}(\cdot,W)$ 激活操作,W 参数可为每个通道生成权重,该参数能够对通道间的显式关系地进行建模,本书中使用一个瓶颈结构实现激活操作。得到每一个通道的权重后,通过 $F_{scale}(\cdot,\cdot)$ 函数将对应的通道权重与原来 U 的通道相乘,完成通道维度上重要性的衡量。

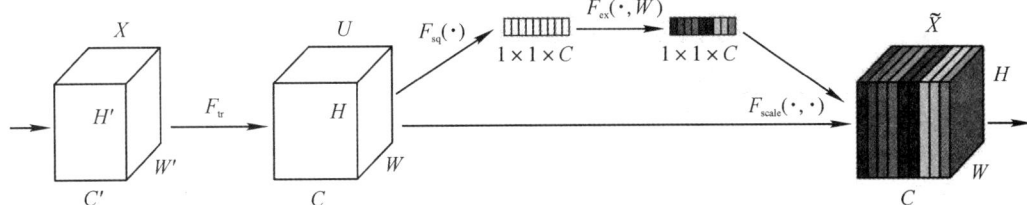

图 2-18　SE 注意力机制[100]

2.6.2　卷积块注意力机制(CBAM)

CBAM[101] 注意力机制是基于 SE 注意力进行改进的,加入了空间注意力机制,如图2-19所示。在通道注意力中与 SE 注意力不同的是每张特征图生成了两个值,如图 2-19(a)所示,分别是平均值与最大值。空间注意力与通道注意力处理方法类似,空间注意力沿着通道维度压缩成一张特征图,如图 2-19(b)所示,通过取通道中最大值和均值生成了两张特征图。而通道注意力压缩空间获得与通道数目相同的特征标量。CBAM 就是把上述所得的通道注意力与空间注意力进行串联得到了 CBAM 注意力,如图 2-19(c)所示。

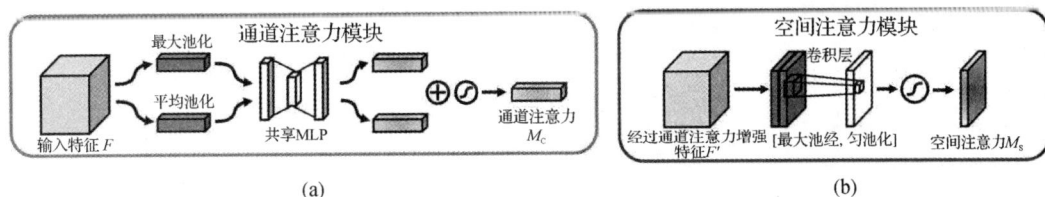

图 2-19　CBAM 各模块示意图[101]
(a)通道注意力模块;　(b)空间注意力模块

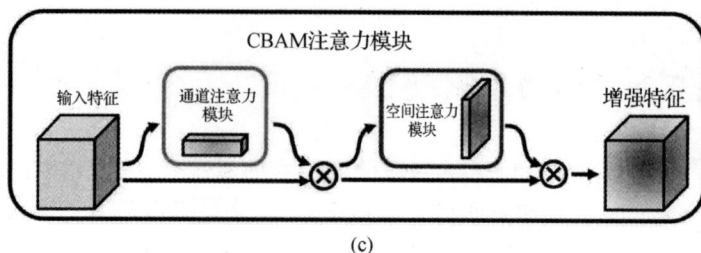

续图 2 - 19　CBAM 各模块示意图[101]

(c)CBAM 注意力模块

2.6.3　Non - local 注意力机制

注意力机制是使用内部自身的特征的关联程度进一步提取更为有用的特征。Non - local[102]注意力机制就是一种自注意力机制,如图 2 - 20 所示。其捕捉图中任意两个像素点的位置的关系,不局限于局部的关系,以获得能够维持更多信息的特征图。但是该方法通常需要较大的计算量,对时延敏感的任务不够友好。

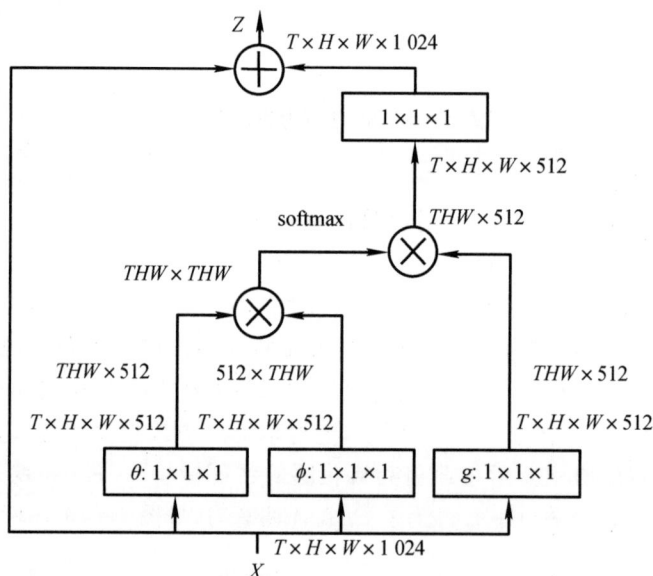

图 2 - 20　Non - local 注意力机制[102]

2.6.4　轻量级注意力机制

近年来有一些研究者探寻更为高效的注意力机制,如混合注意力(SA)[103]、坐标注意力(CA)[104]。在 SA 注意力论文中给出了现今常用的注意力模型的对比图,如图 2 - 21 所示,可见 SA 注意力机制能够在几乎不增加网络参数量的情况下将 ResNet50 的性能提高了近

1.4%,将 ResNet101 提高了近 0.8%。

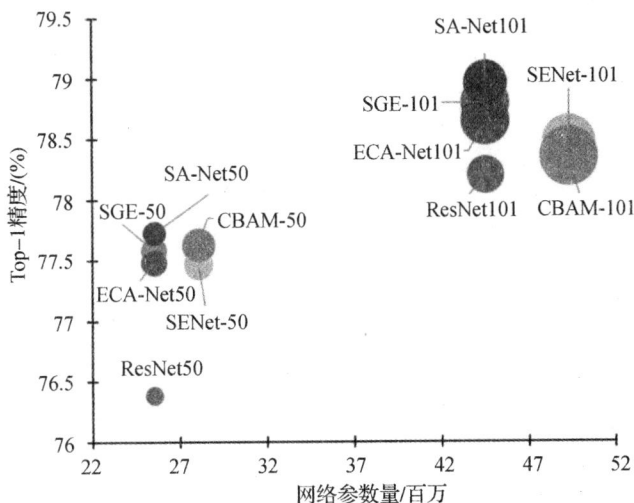

图 2 – 21　注意力机制性能对比图[103]

SA 注意力机制是一种轻量级注意力机制,该注意力机制并没有用到卷积的操作。具体操作如图 2 – 22 所示,SA 注意力在并联使用空间和通道注意力的同时使用了分组与 shuffle 操作,其首先将输入特征进行分组,分为 g 组,而后将每一组再分成两组,一组执行通道注意力,另一组执行空间注意力,concat 后进行通道混洗操作。下面分别对通道注意力与空间注意力进行描述。

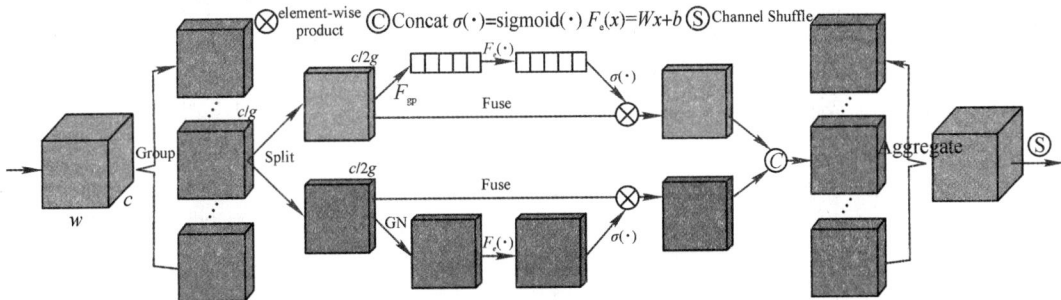

图 2 – 22　SA 注意力机制[103]

使用通道注意力计算过程如下:

$$s = F_{gp}(X_{k1}) = \frac{1}{H \times W} \sum_{i=1}^{H} \sum_{j=1}^{W} X_{k1}(i,j) \tag{2-25}$$

$$X'_{k1} = \sigma[F_c(s)] \cdot X_{k1} = \sigma(W_1 s + b_1) \cdot X_{k1} \tag{2-26}$$

式中:X_{k1} 是输入的特征图;$W_1, b_1 \in \mathbf{R}^{c/2g}$ 是网络需训练学习的参数,目的是对 s 进行缩放和偏移。相比于 SE 注意力机制,该通道注意力模块所需要的计算量和参数量可忽略不计。

使用空间注意力计算过程为

$$X'_{k2} = \sigma\{F_c[GN(X_{k2})]\} \cdot X_{k2} \tag{2-27}$$

式中：X_{k2} 是输入的特征图；GN 是 Group Norm 过程，以得到空间的统计信息。

CA 注意力机制融合了通道信息和拥有长距离的空间信息，其使用了 MobileNetv2 作为基准网络验证 CA 注意力网络能提高 2%，比 SE 注意力机制还要高 0.8%，可见该融合通道和空间的方法十分有效，CA 注意力机制具体操作如图 2-23 所示。

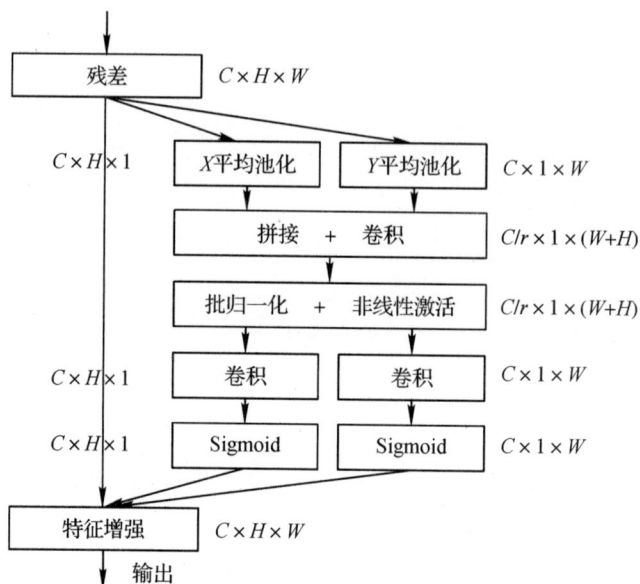

图 2-23 CA 注意力机制[104]

其通过对 SE 注意力机制的全局池化进行分解，分为对 X 轴和 Y 轴的池化，即原来一张特征图对其进行空间的压缩只变成 1 个标量，使用该方法后可以获得长度为 $W+H$ 的一维向量，而后进行卷积，接着按 X 轴和 Y 轴分离特征再进行卷积，经 Sigmoid 激活后与原来的特征图进行相乘。对 X 轴和 Y 轴池化的输出具体表示如下：

$$z_c^h(h) = \frac{1}{W} \sum_{0 \leq i < W} x_c(h, i) \tag{2-28}$$

$$z_c^w(w) = \frac{1}{H} \sum_{0 \leq j < H} x_c(j, w) \tag{2-29}$$

式中：$x_c(j, i)$ 为输入的第 c 个通道 Y 轴为 j，X 轴为 i 的值；$z_c^h(h)$ 代表的是第 c 个通道高度为 h（Y 坐标）池化所得到的标量；$z_c^w(w)$ 代表的是第 c 个通道宽度为 w（X 坐标）池化所得到的标量。

2.7 本章小结

本章以本书研究内容相关的神经网络理论为主要内容，对神经网络基本原理、卷积神经网络基本组成、算法模型评估指标和轻量级卷积神经网络，以及注意力机制进行了介绍。① 神经网络基本原理：主要介绍了神经元模型、由神经元构成的感知机和神经网络、误差逆传播算法,以及常用的激活函数。②卷积神经网络基本组成:主要介绍了构成神经网络的基本单元,包括卷积层、BN 层以及池化层,并且对卷积神经网络中的特征融合方式和感受野进行了说明。③算法模型评估指标:介绍了目标检测算法的相关评估指标,包括用于衡量算法检测精度的 $P-R$ 曲线图、平均精度 AP 和误检率 FP-rate,用于衡量算法复杂度的 FLOPs 和 Params,以及用于评估算法实时性的指标 FPS。④轻量级卷积神经网络:介绍了 SqueezeNet、MobileNet 和 ShuffleNet 三种轻量级卷积神经网络模型,并详细对模型中的轻量化设计进行了说明。⑤注意力机制:主要介绍了经典的注意力机制,以及近年来提出的轻量级注意力机制。本章通过对卷积神经网络相关基础理论的介绍,为本书后续基于深度学习的无人机检测算法研究提供了相关理论支撑。

第3章　无人机目标数据集构建与测试

数据集用于深度学习算法的训练和测试,是算法设计和仿真实验的基础。本章是本书研究的重要基础工作,针对无人机目标检测问题,根据无人机应用场景的实际特点,构建了高分辨率图像的弱小无人机目标数据集 TinyUAV、背景信息复杂的多尺度无人机目标数据集 ComplexUAV、红外多尺度无人机数据集,以及红外弱小无人机数据集,并进行了数据分析和基准实验,试验结果表明,所构建的数据集能够满足试验需求,为后续无人机检测算法研究打下坚实基础。

3.1　概　　述

数据集通常由图像、视频、音频和对应的标签文件组成,用于深度学习算法的训练和测试。在本书无人机目标检测研究中,数据集主要包括图像、视频以及相应的标签文件。不同的数据集通常采用不同的格式,每种算法对格式的要求也有所不同,因此,了解各种常规数据集格式是掌握格式转换方法和进行下一步算法研究的基础。

1.图像和视频格式

现有无人机数据集中的视频文件后缀有 mp4 和 mpg。mp4 对应 MPEG-4 标准,是常见的多媒体封装格式,在日常生活中随处可见,其最大优点是兼容性强。mpg 对应 MPEG-1 和 MPEG-2 标准压缩文件,格式相对小众,通常用视频格式转换器转化成 mp4 格式以便部署应用。常见的图像文件后缀有 jpg、png 以及 bmp。jpg 的压缩方式是一种失真压缩,即压缩过程是有损耗的,其优点是占用空间小;png 是经过无损数据压缩的格式;bmp 是一种使用广泛的图像文件格式,除了图像深度外不经过任何压缩,占用空间是三种图像格式中最大的。

同属于视频的 mp4 和 mpg 文件可以通过视频格式转化器相互转化,同属于图像的 jpg、png 和 bmp 之间可以通过代码实现批量转换,视频与图像可直接通过 FFmpeg 进行剪辑或拼接,常用转换方法如图 3-1 所示。由于以上几种格式能够轻易地实现转换,在视频和图像格式中,除了 jpg 格式对图像质量有一定影响外,其他格式对数据集选择几乎没有限制。

2.标签文件格式

标签文件格式主要有 txt、mat、xml(Extensible Markup Language)、json(JavaScript

Object Notation)等。txt 是纯文本文件,在 YOLO 系列算法中广泛使用。mat 格式是 MATLAB 专用保存数据的格式。xml 和 json 可以看作是在 txt 的基础上规定的一种便于推广的固定格式,xml 格式高度统一,在如 mmdetection 等一系列算法平台中具有通用性,json 作为一种轻量级数据格式,其最显著的特点是易于传输和读取。以上四种格式均可以通过一定的代码实现两两间的相互转换。

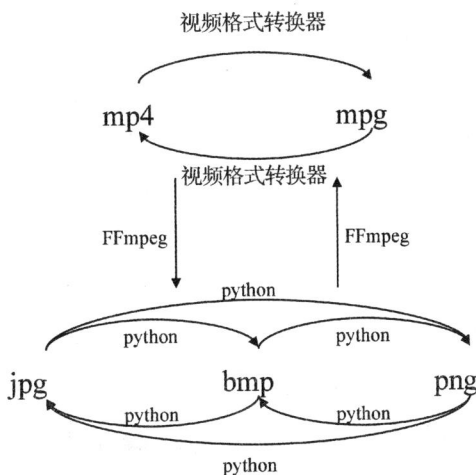

图 3 - 1　常用图像、视频格式转换方法

3.2　可见光数据集构建与分析

　　根据无人机面向沿海、岛礁等视距远、背景简单的应用场景,以及面向城市、山林等背景环境复杂多变的应用场景的特点,针对研究内容实际需要,构建了高分辨率图像的弱小无人机目标数据集 TinyUAV 和背景信息复杂的多尺度无人机目标数据集 ComplexUAV。

3.2.1　TinyUAV 数据集

　　根据无人机面向沿海、岛礁等视距远、背景简单的应用场景特点,并基于高清摄像头硬件设备支撑,在远距离实现入侵无人机目标的成像并不困难,而这种远距离情况下的无人机目标往往以"弱小目标"在图像中呈现。

　　为构建高清图像下的弱小无人机目标数据集,申请并使用了 IEEE AVSS 2020 会议中"Drone - vs - Bird detection challenge"[78]大赛提供的无人机目标数据集,该数据集共由 30 个分辨率为 1 920×1 080 的无人机飞行视频组成,同时每个视频对应一个以视频帧序列为顺序的".txt"标注文件。结合监控摄像机输出的高分辨率视频图像的实际情况,以及上下文中的通用对象(COCO)数据集对小目标的定义(尺寸小于 32×32 像素的目标),本书将原视频数据集转化为视频帧,并筛选出图像中无人机目标像素在 32×32 左右的图像共 34 400

张,考虑到目标在连续帧之间所处的空间位置、像素等信息近乎一致,这容易导致训练集和测试集数据近似,使模型在评估上出现虚高,因此本书按照每 8 帧保留一张的形式进行等间隔抽取,最终获取 4 300 张图像。

本书将筛选出的图片按照 7∶3 的比例随机分配训练集和测试集,图片分辨率统一为 1 920×1 080,同时按照 PASCAL VOC 数据集中标签格式,生成所获取图片所对应的 4 300 个“.xml”标签文件,标签文件中包含目标标签类别“UAV”,以及目标真实框“x_{min},y_{min},x_{max},y_{max}”位置等信息,由此构成 TinyUAV 数据集。

TinyUAV 数据集共由 4 300 张像素为 1 920×1 080 的高清分辨率图像组成,其中包含 18 个不同场景以及 DJI Mavic、DJI Inspire、DJI Matrice、DJI Phantom 和 3DR SOLO 在内的 5 种无人机目标,如图 3-2 所示。

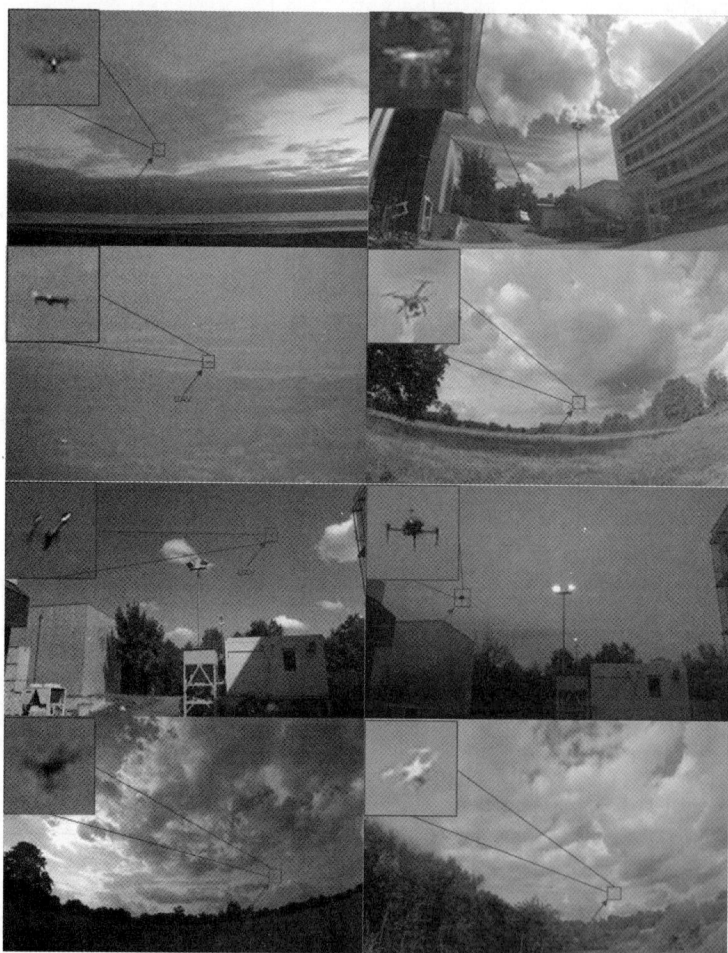

图 3-2　TinyUAV 数据集部分图例

图 3-2 展示了 TinyUAV 数据集的部分图例,可看出数据集中无人机飞行场景多以“地-空”为背景,背景相对简单,视距较远,无人机目标呈现弱小特征,几乎达到了肉眼观察范围的极限,具备沿海、岛礁等视距远、背景简单的执勤场景的特点。

为更好地掌握数据集中目标大小分布情况,对 TinyUAV 数据集中真实目标框的长宽分布进行了统计,结果如图 3-3 所示。从图中可见 TinyUAV 数据集中目标长宽均小于 32 像素值的占比超过了 50%。

目标面积计算方式为

$$\text{Area} = w \times h \tag{3-1}$$

式中:w 和 h 分别表示目标框的宽和长。

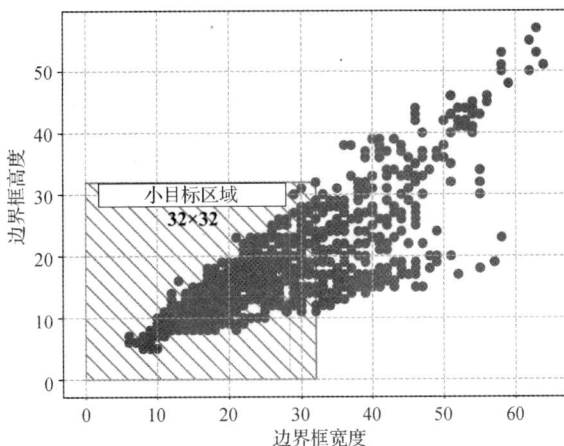

图 3-3　TinyUAV 数据集目标大小分布情况

结合图 3-4 的统计情况可见,训练集与测试集的数据分布相同,其中训练集包含目标 3 212 个,测试集包含目标 1 357 个,并且训练集和测试集中面积小于 32×32(即 1 024 像素面积)像素的目标分别占训练集和测试集的 85.6% 和 88.3%,符合监控摄像头远距离检测无人机目标时的实际情况。

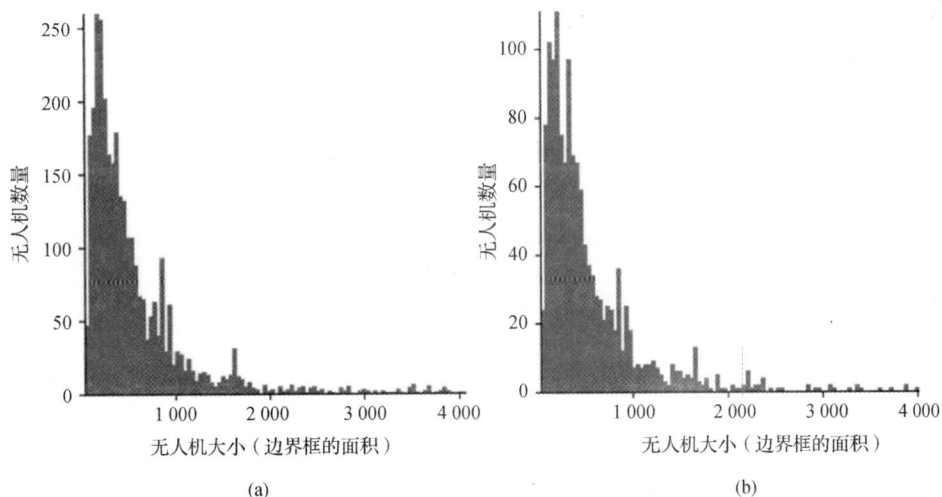

(a)

(b)

图 3-4　TinyUAV 数据集目标面积大小分布情况

(a) 训练数据集;　(b) 测试数据集

3.2.2 ComplexUAV 数据集

在面向城市、山林等背景环境复杂多变的执勤场景中,干扰物较多,前景与背景区分难度大,并且此类场景下监控视距受到高楼建筑、树林等遮挡,视距相对较近,因此入侵无人机目标尺寸也会大于 TinyUAV 数据集中的样本目标。目前,针对复杂背景下的多尺度无人机目标检测问题的难点也包括在数据方面缺乏复杂背景下的无人机数据集。2017 年的"Drone‐vs‐Bird detection challenge"大赛[78]已经开始研究飞鸟在无人机检测任务中带来的干扰这一问题的解决思路,而这一问题往往出现在沿海岸上,针对更加复杂的城市背景需要建立干扰因素更多的数据集。

为得到符合复杂背景需求的样本数据,本书分别通过现实场景拍摄、互联网爬图的方式采集到共 3 000 张图像,再使用 LabelImg 图像标注软件进行目标标注,如图 3‐5 所示,格式与 TinyUAV 数据集相同。

图 3‐5 LabelImg 图像标注示意图

为了扩大数据集样本数,本书还分别从大型目标检测数据集 PASCAL VOC 和 MS COCO 中提取出包含"飞机""飞鸟""风筝"目标图像共 1 270 张,并采用文献[105]提出的 Copy‐Pasting Strategies 数据增强方式,将无人机复制粘贴至目标图像上,并生成对应的".xml"格式标签文件,由此构成 ComplexUAV 数据集。数据集部分图例如图 3‐6 所示。

ComplexUAV 数据集共包含 5 270 张尺寸不一致的图像,按照 7 : 3 的比例将 ComplexUAV 数据集随机分为训练集和测试集,经统计训练集共 3 690 张图像包含目标 3 927 个,测试集共 1 580 张图像包含目标 1 661 个。从图 3‐5 中可得,数据集中图像背景信息复杂,且无人机种类多样,再结合图 3‐7 对 ComplexUAV 数据集目标框的长宽尺寸分布情况,可见数据集中目标为多尺度的分布,能够满足复杂背景下入侵无人机目标场景的需求。

(a)

(b)

(c)

图 3 - 6　ComplexUAV 数据集部分图例

(a)现实场景拍摄；　(b)互联网爬图；　(c)"Copy - Pasting Strategies"数据增强

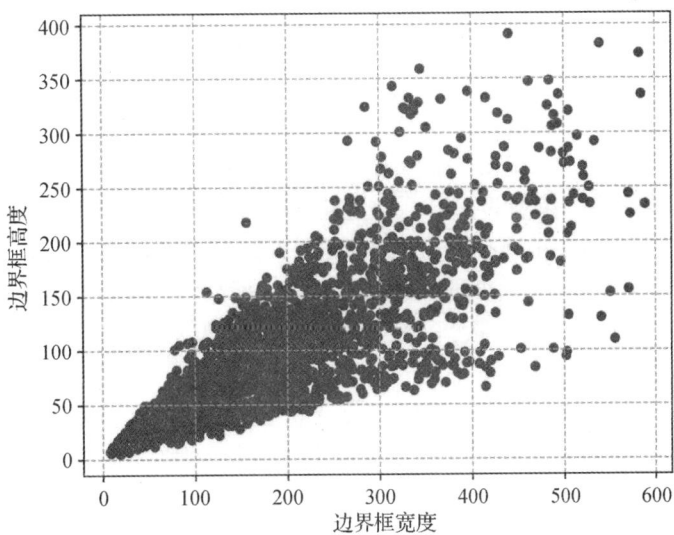

图 3 - 7　ComplexUAV 数据集目标大小分布情况

3.3 TinyUAV 和 ComplexUAV 基准实验

为获取基于深度学习的目标检测算法在高分辨率图像的弱小无人机目标数据集 TinyUAV 和背景信息复杂的多尺度无人机目标数据集 ComplexUAV 中的真实表现,选取了目前研究及应用最为广泛的目标检测算法 Faster R-CNN、SSD、YOLOv3、YOLOv4 和 YOLOv4-tiny 算法作为基准模型,将算法在 TinyUAV 和 ComplexUAV 训练集上进行训练,并使用测试集进行测试。

3.3.1 实验环境和评估指标

本书使用的实验平台见表 3-1。其中模型训练和推理测试均使用硬件平台为 Intel Core i7-8700K CPU@3.70 GHz,内存 16 GB,图形显卡 GeForce GTX 1080Ti 11G GPU;软件使用 Ubuntu18.04LST 系统,Python3.7,PyTorch1.9.0 深度学习框架;目标检测算法框架使用商汤科技联合香港中文大学开发的基于 PyTorch 的深度学习目标检测框架 MMDetction[106]。

表 3-1 实验平台

操作系统	Ubuntu18.04 LTS
处理器	Intel Core i7-8 700 K CPU @3.70 GHz
内存	16 GB
显卡	GeForce GTX 1080Ti 11G
深度学习框架	PyThon3.7 PyTorch1.9.0
深度学习目标检测框架	MMDetection2.11.0

考虑到 TinyUAV 数据集和 ComplexUAV 数据集面向的任务不同,本书使用不同的指标进行评估。

TinyUAV 数据集的图像均为 1 920×1 080 的高分辨率图像,在本书将用于开展高分辨率图像下弱小无人机目标检测任务中算法检测精度、实时性以及消耗计算资源等问题的研究,因此本书使用 IoU=0.5 阈值的 AP 指标(简称 AP_{50})作为算法检测精度的评估指标,使用 FPS 作为算法实时性的评估指标,使用 Params、FLOPs 和训练时 GPU 占用量作为模型复杂度和计算资源的评估指标。

ComplexUAV 数据集中图像大小不同,无人机目标尺寸各异,在本书将该数据集用于开展复杂背景下无人机目标检测的准确率和虚警率问题的研究,因此分别使用 IoU 阈值为 0.5 和 0.75 的 AP 指标(简称 AP_{50} 和 AP_{75}),以及 IoU 阈值为 0.5 时,用于评估算法在数据集的小(目标小于 32×32 像素)、中(目标大小在 32×32~96×96 像素内)、大(目标大于 96×96像素)(定义标准参考论文[10])无人机目标上检测精度指标 AP(简称 AP_{S50}、AP_{M50}、AP_{L50}),以及用于评估虚警率指标 FP-rate。

3.3.2　基准实验

由于 TinyUAV 和 ComplexUAV 数据集中训练样本数量接近,因此将在两个数据集上进行训练和评估的算法设定相同的参数。

模型的训练过程中,设定模型初始学习率为 0.000 3,权重衰减系数为 0.000 1,梯度优化选择 Adam 算法,使用余弦退火算法进行学习率的衰减,所有算法均在训练集中完成 60 次 Epochs 的迭代训练,并在测试集下进行测试。考虑到 TinyUAV 数据集中目标尺寸较为极端,而 Anchor box 机制对算法准确性影响较大,为了公平对比不同算法在数据集上性能的优劣,试验对检测头使用的 Anchor box 瞄框进行了 k-means 聚类分析处理。

算法的评估测试是将经过 60 次 Epochs 训练迭代的模型在数据集的测试集上进行测试,具体的结果见表 3-2 和表 3-3。其中表 3-2 是不同算法在 TinyUAV 数据集的测试集上的基准实验结果;表 3-3 是不同算法在 ComplexUAV 数据集的测试集上的基准实验结果。

表 3-2　TinyUAV 数据集基准实验结果

算法名称	骨干网络	图像分辨率	AP_{50}/（%）	FPS	Params/M	FLOPs/G	GPU 占用量/MB
Faster RCNN	Resnet50（FPN）	（576 324）	26.2	40	41.12	49.59	1 899
	Resnet101（FPN）	（576 324）	33.3	32	60.11	63.97	2 832
SSD512	VGG16	（512 512）	61.1	43	24.39	63.06	4 358
YOLOv3	Darknet53	（576 576）	64.2	53	61.52	62.81	2 670
YOLOv4	CSPDarknet53	（576 576）	68.4	42	63.94	57.28	5 382
YOLOv4 tiny	CSPDarknet53 tiny	（576 576）	41.0	178	5.87	6.54	472

表 3-3　ComplexUAV 数据集基准实验结果

算法名称	骨干网络	图像分辨率	AP_{50}/（%）	AP_{75}/（%）	APS_{50}/（%）	APM_{50}/（%）	APL_{50}/（%）	FP-rate/（%）
Faster RCNN	Resnet50（FPN）	（416 416）	74.4	35.7	70.0	80.2	68.8	21.1
	Resnet101（FPN）	（416 416）	74.5	36.6	69.7	80.1	68.6	21.2
YOLOv3	Darknet53	（416 416）	75.6	26.6	74.5	82.4	62.2	18.7
YOLOv4	CSPDarknet53	（416 416）	78.1	47.2	75.2	83.8	72.6	18.4
YOLOv4 tiny	CSPDarknet53 tiny	（416 416）	74.3	37.9	70.4	78.8	71.8	20.2

根据表 3-2 结果可知,在高清图像下的弱小无人机任务上,由于现有算法大多复杂程度高、消耗计算资源大,且需要平衡算法的检测精度与实时性,因此在输入 576×576 大小的图像分辨率时,很难在保证实时性的基础上达到很高的检测精度,其中检测精度最强的

YOLOv4 算法也才达到 68.4% 的检测精度,而轻量化的算法 YOLOv4 - tiny 虽然实时性较好,但检测精度却仅达到 41.0%,无法满足任务要求;根据表 3 - 3 结果可知,在复杂背景下,现有算法综合性能相差不大,虽然 YOLOv4 表现出最好的检测精度,AP 达到 78.1%,但依然存在较大的误差,误差率达到 18.4%,检测精度仍无法满足任务的要求;并且现有算法都表现出对中等大小的无人机目标有较好的适用性,但对小型或大型目标却整体性能偏弱。由此可见,现有算法在多尺度目标检测问题上也存在较大的提升空间。

为了更加直观地展示现有检测算法在 TinyUAV 和 ComplexUAV 数据集上的性能表现,本书绘制了算法在测试集上的 $P - R$ 曲线图,如图 3 - 8 所示。

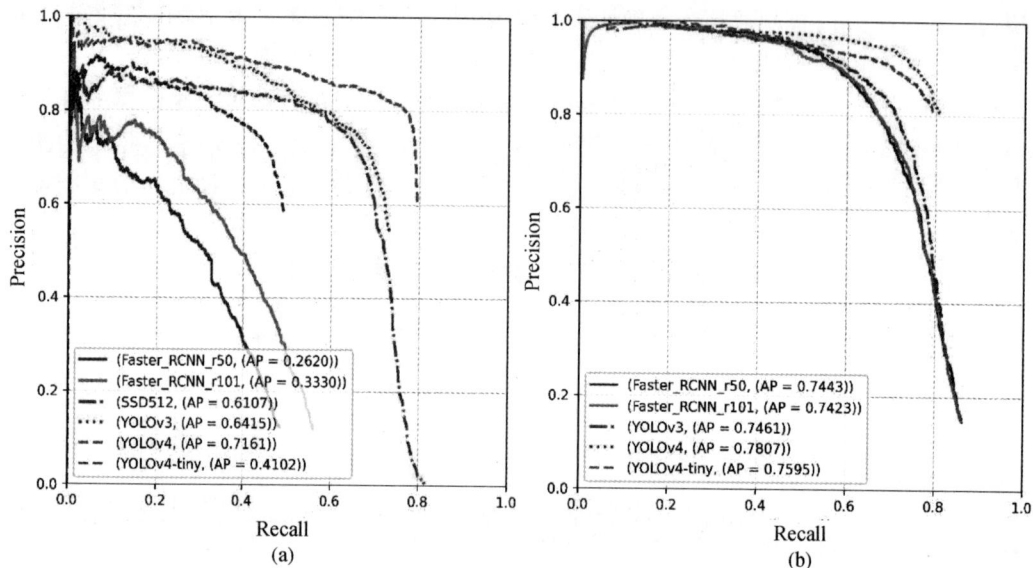

图 3 - 8 不同算法在不同数据集上的 P - R 曲线图

(a)TinyUAV 测试集;   (b)ComplexUAV 测试集

3.4 红外无人机数据集构建与分析

针对红外弱小无人机目标检测精度与检测实时性的平衡问题和多尺度无人机目标检测问题,本节构建了包含多背景、多干扰物的红外多尺度无人机数据集,以及红外弱小无人机数据集。数据集来源于国防科技大学 2019 年发布的地/空背景下红外图像弱小飞机目标检测跟踪数据集以及 Anti - UAV 数据集。

3.4.1 红外多尺度无人机数据集

本小节在 Anti - UAV 数据集的基础上构建包含多背景、多干扰物的红外多尺度无人机数据集。Anti - UAV[106] 是"The 1st Anti - UAV Workshop & Challenge"比赛提供的红外无人机视频数据集,包括可见光和红外两种模态。Anti - UAV 数据集由 318 个完全标记的视频组成,数据量丰富,其中 160 个视频作为训练集,91 个作为测试集,其余视频作为验证集。视频为宽 640、高 512 的 mp4 格式,标签文件为 json 格式。该数据集具有无人机目标尺寸跨度大、包含多种复杂背景、多种干扰等特点,适用于复杂背景下多尺度目标检测的研究。其图片场景如图 3-9 所示。

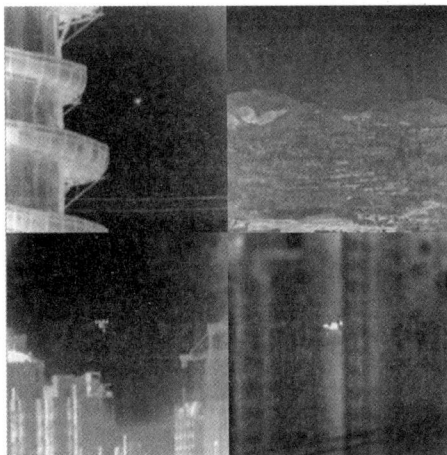

图 3-9　Anti-UAV 数据集图片场景

　　首先,对多个红外无人机视频序列进行筛选、整合,使其涵盖多种不同复杂场景。筛选出符合要求的 36 个红外视频段后,结合各种格式视频、图像间的转换方式,计划使用 FFmpeg 提取视频图像。为便于提取帧率的计算,将这 36 个红外视频按照视频时长分为两类,分别为 60 s 和 50 s,并观察对应标签文件情况,见表 3-4。

表 3-4　红外视频及标签提取方案

视频类别	一类	二类
视频总时长	60 s	50 s
FPS	5	5
图像数目	300	250
视频标签总数	1 500 个	1 000 个
标签提取频率	每 5 个取 1 个	每 4 个取 1 个
标签数目	300	250

　　在表 3-4 中,对于总时长为 60 s、标签总数为 1 500 个的视频段,考虑到邻近帧相似度过高的情况,选择以 5 帧/s 的速率提取视频帧,得到 300 张图像,再从视频标签文件中以每 5 个标签抽取 1 个进行保存的方式,得到 300 个标签,同理在总时长为 50 s,标签总数为 1 000 的视频段中可获得 250 张图像及对应的标签文件。由于都是等间隔抽取,理论上说图像和标签是一一对应的。

　　基于以上分析,我们以 FPS=5 的速率将视频提取成帧,并调整图像大小为 256×256,将提取的红外图片放入 JPEGImages 文件夹中,数据集的图片部分构建完成。在此基础上,完成对应标签的提取,并根据 json 文件的书写特点,编写 python 程序读取标签信息并写入

xml 格式文件中,最终得到由 9 214 张图片和 9 214 个对应的标签文件组成的标准格式数据集。

为进一步验证数据集中标签的准确性,对数据集标签进行可视化处理,可视化结果如图 3-10 所示。

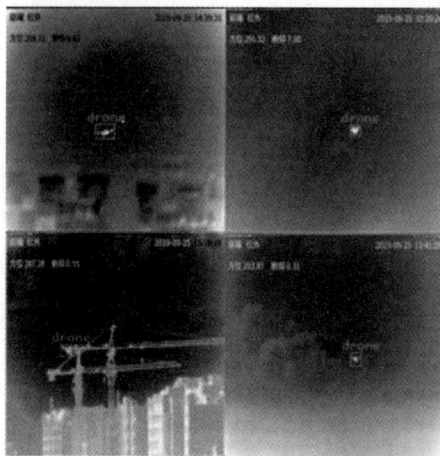

图 3-10 红外多尺度无人机数据集可视化

如图 3-10 所示,可视化的标签文件能够准确框出无人机目标,说明通过此方法提取的图像和标签是匹配的。

红外多尺度无人机数据集图片大小为 256×256,采用 xml 格式标签,标签类别为 "drone",标注了目标位置坐标"xmin""ymin""xmax"和"ymax"等信息,然后通过提取标签文件中每个目标的上述信息,对数据集中无人机目标的先验框大小及相关特性进行了统计分析,如图 3-11 所示。

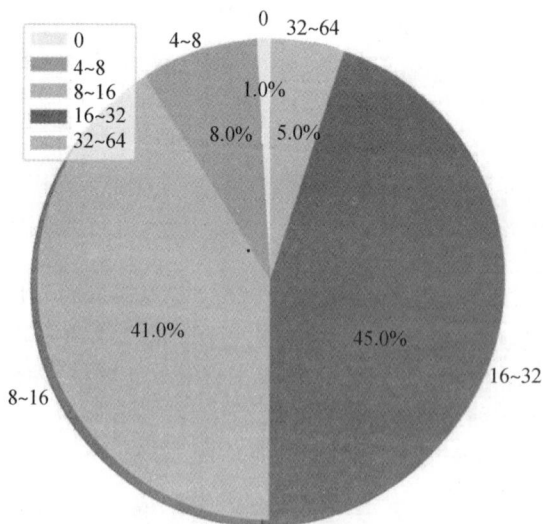

图 3-11 目标大小分布情况统计

由统计结果可知,数据集中目标的平均宽高分别为 17.0、11.5,目标与图片的宽高比分别为 0.064 6 和 0.045 0。数据集无人机目标大小分布由 1×1 到 64×64,目标尺度差异较大,适用于复杂场景下对空中多尺度目标检测算法的研究。

3.4.2 红外弱小无人机数据集

本小节构建的红外弱小无人机数据集来源于国防科技大学 2019 年发布的地/空背景下红外图像弱小飞机目标检测跟踪数据集以及 Anti - UAV 数据集。

作为空天杯红外赛题的官方指定数据集,地/空背景下红外图像弱小飞机目标检测跟踪数据集[107]通过外场实地拍摄,共有 16 177 帧图像,涵盖了天空、地面背景以及空地混合场景,数据场景统计见表 3-5。数据集共包含 22 段数据,包含目标远近变化的多种情形,既有单个无人机目标,又存在两目标交叉飞行,平均信杂比(SCR)较小,可为弱小目标探测、精确制导和红外目标特性等研究提供基础数据。数据集中每幅红外图像的分辨率为 256×256 像素,图像存储后缀名为 bmp,标签文件为 txt 的纯文本,值得注意的是,该数据集标注时以点标注代替以往常见的框标注,且一段数据的标签写在同一个 txt 文件中。

表 3-5 数据场景统计表[67]

	平均 SCR	SCR 方差	目标数量	目标距离	目标背景
data1	9.72	0.033	1	近	天空背景
data2	4.34	0.22	2	近	天空背景
data3	2.17	0.908	1	近	空地背景
data4	3.75	3.646	2	近	天空背景
data5	5.45	1.285	1	远	地面背景
data6	5.11	1.571	1	由近及远	地面背景
data7	6.33	20.316	1	由近及远	地面背景
data8	6.07	0.159	1	由近及远	地面背景
data9	6.29	17.086	1	由近及远	地面背景
data10	0.38	0.031	1	远	空地背景
data11	2.88	2.148	1	由近及远	地面背景
data12	5.2	2.226	1	由远及近	地面背景
data13	1.98	0.886	1	由近及远	地面背景
data14	1.51	1.538	1	由近及远	地面背景
data15	3.42	0.965	1	近	地面背景
data16	2.98	0.674	1	由远及近	地面背景
data17	1.09	0.353	1	由近及远	地面背景
data18	3.32	0.165	1	由远及近	地面背景

续表

	平均 SCR	SCR 方差	目标数量	目标距离	目标背景
data19	3.84	0.886	1	近	地面背景
data20	3.01	1.485	1	近	空地背景
data21	0.42	0.092	1	远	地面背景
data22	2.2	0.15	1	由远及近	地面背景

在数据集片段选择过程中,发现已经有部分文献使用地/空背景下红外图像弱小飞机目标检测跟踪数据集进行试验,并取得不错的效果,但经仔细分析发现文献[108]只选用其中平均信杂比较大、信杂比方差较小的数据段,对于低信杂比目标的检测性能有待验证。在标签处理过程中,不同于与常规数据集采用的框标注,地/空背景下红外图像弱小飞机目标检测跟踪数据集以目标在图像上的整像素坐标点对目标进行标注。对于红外弱小目标而言,点标注更加精确,但现有目标检测算法基于检测框与标记框 IoU(Intersection of Union)的计算方法将难以使用。针对此问题,Cai 等人[109]将数据集中图片重新手动标注,得到标注框,但人工标注费时费力,且存在较大误差。针对以上问题,本小节构建红外弱小无人机数据集,用于红外弱小无人机目标检测算法研究,数据集构建步骤介绍如下。

(1)在数据选择方面,在分析数据场景特点的基础上,选取 data2～data22 共 21 个数据段,使数据集覆盖信杂比变化剧烈以及信杂比极低的数据段,并包含空地背景和目标距离变化等场景。由于 data1 数据段中飞机目标过大,与弱小目标特征不符,故没有使用。

(2)在标签处理过程中,考虑到红外光成像时由于衍射效应,目标呈现为一个艾里斑,且单个像素只有辐射强度信息,不包含与邻近区域的差异。因此在标签处理方面采用了更加简单有效的方法:通过编写相应 Python 程序,将点标注转化成 3×3 框标注,选择以点目标为中心的 3×3 区域作为目标的实例。不仅解决了点标注不适用于通用检测算法的问题,而且一定程度上丰富了目标信息。

(3)考虑到地/空背景下红外图像弱小飞机目标检测跟踪数据集中连续帧图像相似度过高,用于检测模型训练时存在场景类型缺乏、数据冗余等问题,通过对图片和相应标签文件的固定间隔抽取对数据集进行精炼。

(4)考虑到精炼后数据集规模过小,为进一步扩大数据集,在 Anti-UAV 数据集中筛选出符合要求的红外视频段,采用 2.3.1 节中红外多尺度无人机数据集的构建方法,对数据集进行丰富和补充。最终得到由 8 542 张图片和 8 542 个对应的标签文件组成的标准格式数据集。

为验证数据集中标注的准确性,在完成标签格式转换后对数据标签进行了可视化处理,结果如图 3-12 所示。

根据国际光学工程学会定义,红外弱小目标的像素数量一般不超过 0.15%,即在 256×256 图中为不超过 9×9 区域,本节构建的红外弱小无人机数据集中目标大小均在此范围内,符合弱小目标定义中的要求,达到本书中红外弱小无人机目标检测算法研究标准。

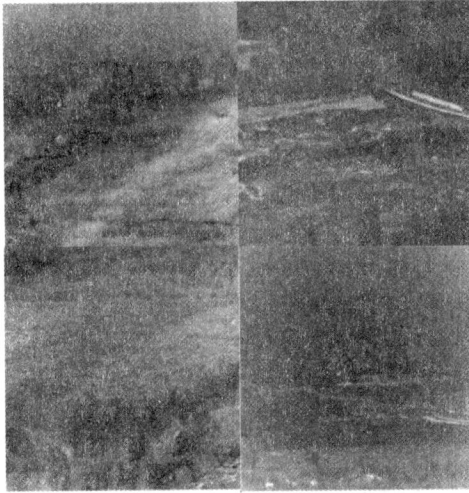

图 3 - 12　红外弱小无人机数据集标签可视化

3.5　红外无人机数据集基准试验

为验证构建的红外多尺度无人机数据集和红外弱小无人机数据集的有效性,并获取目前主流目标检测算法在数据集上的真实表现,本节在对试验环境和评估指标进行说明的基础上,分别对两个数据集进行了基准试验,以方便下一步算法研究工作。

3.5.1　试验环境和评估指标

本书模型均在搭载 Intel i9 - 11900F 和 NVIDIA GTX2080Ti 的硬件平台上训练和测试,软件为 Ubuntu 20.04 系统、python 3.8 和 Pytorch 1.7.0 深度学习框架。

在检测实时性方面,本试验采用模型参数量 Params(Parameters)、浮点运算数 FLOPs (Floating Point of Operations)和每秒处理帧数 FPS(Frames Per Second)三项指标进行评估。模型参数量是指模型训练中需要训练的参数总数,这一参数对计算机显存大小提出了要求,直接决定了模型部署条件和模型训练时长;浮点运算数又称浮点计算量,是影响检测速度的重要参数之一,通常用来衡量模型的时间复杂度;每秒处理帧数受浮点运算数、访存量、硬件设备、软件实现和系统环境等多种因素影响,故该指标容易上下浮动。

在检测精度方面,采用阈值 IoU 为 0.5 的平均精度 AP(Average Precision)作为指标评判算法模型的检测性能,其中 AP 值计算方法的表达式为

$$P = \frac{X_{\mathrm{TP}}}{X_{\mathrm{TP}} + X_{\mathrm{FP}}} \qquad (3-2)$$

$$R = \frac{X_{\mathrm{TP}}}{X_{\mathrm{TP}} + X_{\mathrm{FN}}} \qquad (3-3)$$

$$AP = \int_0^1 P(R)\,dR \qquad\qquad (3-4)$$

式中：X_{TP}表示正确检测的目标数；X_{FP}表示被检错的目标数；X_{FN}表示未被检出的目标数。由于无人机目标检测仅有一种检测对象，故 AP 与 mAP(mean Average Precision)在数值上是相同的。

3.5.2　基准试验

本节试验中分别使用 3.4 节中的红外多尺度无人机数据集和红外弱小无人机数据集。在模型训练中采用相同参数，采用 Adam 算法以 10^{-4} 的初始学习率、3×10^{-4} 的权重衰减系数更新网络参数。训练时的相关参数见表 3-6。

表 3-6　训练参数

模型参数	红外数据集
迭代次数	100
分类数	1
批处理数量	16
默认图片大小	256×256
初始学习速率	10^{-4}

算法 100 轮训练迭代之后的模型，在测试集上进行测试，结果见表 3-7 和表 3-8。

表 3-7　红外多尺度无人机数据集基准实验结果

方法	mAP/(%)	帧/s	运算量/G	参数量/M
YOLOv3	88.10	74	12.41	61.52
YOLOv4	86.99%	75	11.30	63.9
YOLOv5_s	86.90	98	1.31	7.02
YOLOv7	86.14	81	8.38	36.49
YOLOX_s	81.10	84	2.13	8.94
Faster_rcnn	81.30	49	26.24	41.12

表 3-8　红外弱小无人机数据集基准实验结果

方法	mAP/(%)	帧/s	运算量/G	参数量/M
YOLOv3	87.40	72	12.41	61.52
YOLOX_s	11.10	85	2.13	8.94
YOLOv5_s	9.77	94	1.31	7.02
YOLOv7	14.9	82	8.38	36.49
SSD	89.60	41	34.27	23.75
Retinanet	81.50	70	13.07	36.10

从表 3-7 可以看出，在使用红外多尺度无人机数据集对算法进行训练的过程中，没有出现过拟合和训练不收敛等问题，说明该数据集在质量和体量上均能够满足算法研究需要。表中测试的算法均达到 80% 以上精度，说明在红外多尺度无人机目标检测中，目前算法在

检测精度这一指标上已经达到良好水平。其中 YOLOv3 算法检测精度最高,mAP 达到了 88.10%,但其浮点运算数和模型参数量较大,在影响算法检测速度的同时,限制了模型在低算力平台上的部署。相比之下,与 YOLOv3 精度相差 1.2% 的 YOLOv5_s 算法在检测速度相关指标上远远优于其他几种算法,尤其是浮点运算量和参数量仅为 YOLOv3 的 1/9 和 1/8。因此,在红外多尺度无人机目标检测算法研究中,我们将聚焦于算法模型轻量化有关工作,旨在保证检测精度的前提下,减少模型计算量和参数量,以实现算法在检测精度和检测速度上的均衡。

　　从表 3 - 8 可以看出,在使用红外弱小无人机数据集对算法进行训练的过程中,没有出现过拟合和训练不收敛等问题,说明该数据集在质量和体量上均能够满足算法研究需要。从试验结果看,YOLOv_5s、YOLOX_s 和 YOLOv7 等算法检测速度较快,但对于红外弱小无人机的检测,其检测精度很不理想。同时 SSD 以 89.6% 的检测精度在目前算法中表现最佳,但由于 SSD 浮点计算量过大,导致检测速度低下,难以运用到实际检测场景中。而 YOLOv3 以 87.4% 的检测精度仅次于 SSD,检测速度几乎是 SSD 的两倍。与其他算法相比,YOLOv3 在检测精度和检测速度上均有一定优势,因此在后续对红外弱小无人机目标检测的算法进行优化时,我们以 YOLOv3 为基础进行改进。

3.6　本　章　小　结

　　本章是本书研究的重要基础工作,针对弱小无人机目标检测精度与检测实时性的平衡问题和复杂背景下的多尺度无人机目标检测问题,构建了无人机目标均在 32×32 像素左右的 4 300 张 1 920×1 080 高清分辨率图像数据集 TinyUAV 和 5 270 张背景复杂且目标尺寸大小差异较大的无人机目标数据集 ComplexUAV,以及数据量分别为 9 214 和 8 542 张图片的红外多尺度无人机数据集和红外弱小无人机数据集,在完成标签可视化处理和数据样本分析的基础上,进行了数据集的基准试验,试验结果表明,所构建的数据集能够满足基本试验需求,为后续算法研究打下了坚实基础。

第 4 章　高分辨率图像下的弱小无人机目标检测算法研究

入侵无人机检测是无人机反制领域的研究重点。为解决现有算法在检测高分辨率图像中弱小无人机目标时表现出检测精度和实时性以及占用 GPU 计算资源难以平衡的问题，本章提出一种适用于高分辨率检测的轻量级弱小无人机目标检测算法 S_E_Y，与现有的其他轻量级目标检测算法 YOLOv3 - tiny、YOLOv4 - tiny、NanoDet、QuarkDet 相比，S_E_Y 实现了更好的检测精度与速度的平衡。

4.1　概　　述

结合对 TinyUAV 数据集的数据分析，以及 TinyUAV 数据集基准试验结果，我们不难发现，将通用目标检测算法用于检测弱小无人机目标时，算法并不能表现出好的性能。当 1 920×1 080 分辨率的图像缩小到 576×324 的尺度输入到模型进行训练和测试时，性能最优异的检测器 YOLOv4 的 AP_{50} 值只达到了 68.4%，推理速度为 42.5 FPS，而实时性最高的 YOLOv4 - tiny 虽然能到达 178.5 FPS，但 AP_{50} 只有 41.5%，这显然不能满足现实任务的要求。

由于无人机目标在高清图像中尺寸小且像素信息微弱，随着算法模型复杂度不断增加以及模型多次下采样操作，很容易使小目标的有效特征信息在深层次的特征图中得不到表达，导致无法检测出无人机目标，出现较高的漏检率。

目前，解决上述问题的办法之一是让网络学习到具有大感受野的高分辨率目标特征[110]，其中增大图像输入到模型的分辨率是最为直接且有效的方法。为验证这一理论，本章在 TinyUAV 数据集的基准实验上进行了拓展，即在原实验的基础上增大输入到网络中用于训练和测试的图像分辨率，将输入图像分辨率由 576×324 增加到 768×432。表 4 - 1 展示了训练后的网络在测试集上的具体结果，其中 GPU 占用量为 batch - size 为 4 时模型训练占用的显存。

由表 4 - 1 可知，扩大输入图像的分辨率能很好地改善算法在检测弱小目标上的问题，从表中可见，所有算法在提高了训练和测试图像分辨率后，测试的 AP_{50} 均提升了 10% 以上，由此可证明提高图像分辨率的确能有效改善弱小目标检测问题。但通过表中 FPS 和 GPU 占用量指标来看，扩大图像的分辨率也导致了算法检测的速度降低，部分算法在提升图像分辨率后，难以达到实时检测的要求，同时 GPU 占有量也大幅度提升。

　　为了更加直观地展示不同分辨率下算法表现出的性能差异,本书绘制了不同算法在不同分辨率下 FPS-AP_{50} 关系图,如图 4-1 所示。当增大图像的分辨率时算法检测精度明显提升,但检测速度也明显降低,大部分算法在扩大分辨率后难以满足实时性的要求。

表 4-1　TinyUAV 数据集拓展实验结果

方　法	骨干网	输入尺寸	AP_{50}/(%)	帧/s	参数量/M	运算量/G	GPU 占用量/MB
Faster RCNN	Resnet50 (FPN)	(576 324)	26.2	40	41.12	49.59	1 899
		(768 432)	51.3	31	41.12	76.50	2 548
	Resnet101 (FPN)	(576 324)	33.3	32	60.11	63.97	2 832
		(768 432)	50.5	24	60.11	101.15	3 931
SSD512	VGG16	(512 512)	61.1	43	24.39	63.06	4 358
YOLOv3	Darknet53	(576,576)	64.2	53	61.52	62.81	2 670
		(768 768)	80.7	36	61.52	111.65	3 875
YOLOv4	CSPDarknet53	(576 576)	68.4	42	63.94	57.28	5 382
		(768 768)	80.9	24	63.94	101.84	7 245
YOLOv4 tiny	CSPDarknet53 tiny	(576 576)	41.5	178	5.87	6.54	472
		(768 768)	62.1	150	5.87	11.63	726

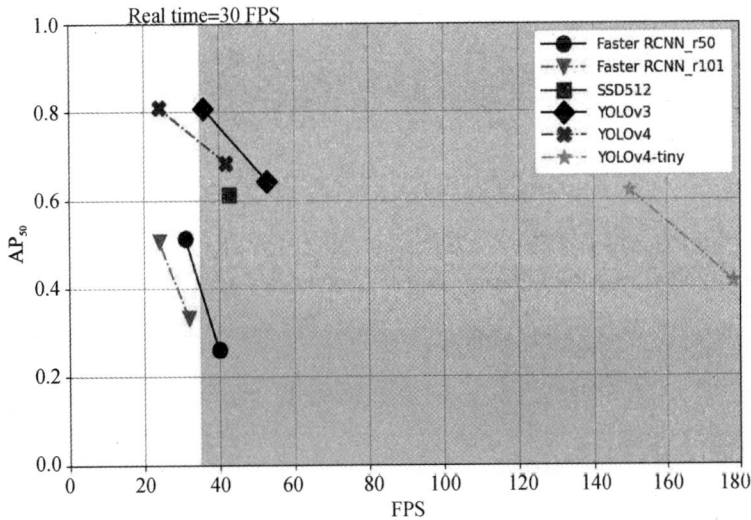

图 4-1　FPS-AP_{50} 关系图

　　综上所述,为解决高分辨率图像下的弱小无人机目标检测中存在的难题,本章将从以下三个原则(尽可能扩大输入图像的分辨率、尽可能降低模型的复杂程度,以及尽可能保证检测的高实时性)出发,研究探讨基于高分辨率输入图像的入侵无人机目标检测算法,实现在提升算法准确性的同时,保证检测的高实时性,并降低模型的复杂程度以及训练时占用的计算资源。

4.2 高分辨率图像下的弱小无人机目标轻量级检测算法设计

针对目前算法存在目标信息丢失、特征提取能力受限、检测头检测范围不够，以及预设 Anchor box 大小不匹配等问题，本节构建了高分辨率输入图像下用于弱小无人机目标检测的 S_E_Y 轻量级目标检测算法，该算法按照现有目标检测算法的架构——骨干网 Backbone＋颈部 Neck＋检测头 Head 的结构进行网络模型设计。

4.2.1 算法总体设计

通过前期基础试验结果可以看出，现有 Faster RCNN、SSD 以及 YOLO 系列的算法对于弱小无人机目标的检测并不十分友好，通过分析主要有以下原因：

(1)输入图像尺寸被压缩，目标信息丢失。高清图像尺寸为 $1\,920\times1\,080$，但由于现有算法模型复杂程度通常较高，且计算资源受限，因此通常将输入到 CNN 中的图像尺寸限制在 416×416 到 608×608 范围内。但图片尺寸的压缩会丢失掉大量的弱小目标信息，这导致网络在输入端就限制了检测目标的范围。

(2)小目标特征提取能力受限。未来获取较大感受野并降低模型计算量，检测网络通常在骨干网中都会完成 5 次特征图的降采样。以输入 416×416 的图像大小为例，当无人机目标尺寸为 32×32 大小时，在理想情况下，进行 5 次下采样操作后，骨干网会输出 13×13 大小特征图，其中目标特征仅占到 1 个像素，而当目标更小时，其在网络更深层特征图上的有效特征几乎得不到表达，因此现有算法针对小目标的特征提取能力是有限的。

(3)预设 Anchor box 大小不匹配。目前算法大多是基于 Anchor 机制，而预设 Anchor box 大小主要针对常规大小的目标尺寸所设计，例如 YOLOv4 算法预设的 9 个 Anchor box＝ $(12,16);(19,36);(40,28);(36,75);(76,55);(72,146);(142,110);(192,243);(459,401)$，这些 Anchor box 是在 COCO 数据集上通过边框聚类得到，从预设的 Anchor box 宽高可见其检测的目标差异较大，在普通场景的目标检测任务上有较好的适用性，但针对目标大小较为极端的数据集，使用原预设 Anchor box 会导致检测器筛选不出合适的 Bounding box，会严重影响模型的性能。

(4)检测头检测范围受限，感受野与 Anchor box 大小、目标大小不匹配。神经网络中感受野对目标检测的性能起到至关重要的作用，在网络设计上尽量应该使感受野与 Anchor box 的设计相匹配。例如在 YOLOv4 算法中，当输入 416×416 的图像大小时，骨干网输出用于预测的 13×13、26×26、52×52 大小的特征图所对应的感受野，通过计算理论上为 416×416、411×411、165×165。由于实际感受野小于理论感受野大小，因此将实际感受野缩小 3 倍后得到的感受野大小也远大于 TinyUAV 数据集的目标大小和分配的 Anchor box 的大小，这很大程度上导致算法的召回率较低。

针对上述问题，本书构建了高分辨率输入图像下用于弱小无人机目标检测的 S_E_Y 轻量级目标检测算法,该算法按照现有目标检测算法的架构——骨干网 Backbone＋颈部 Neck＋检测头 Head 的结构进行网络模型设计。

其中,为降低模型复杂程度,提升算法检测速度,实现模型在低 GPU 运算资源下对高分辨率图像的训练检测能力,试验选择 ShuffleNetV2 0.5x 轻量级模型作为骨干网 Backbone;模型颈部 Neck 通常使用 FPN 实现多尺度的特征融合,本书以 FPN 为基础,在仅增加少量参数的情况下,提出增强小目标的特征表达的 EAFPN 增强自适应多尺度特征融合设计;考虑到 YOLO 算法的检测头 YOLO Head 将目标回归和分类整合为一个卷积层输出有较快的预测速度,因此本书将使用优化 Anchor box 后的 YOLO Head 作为模型检测头 Head。综合上述设计,提出 S_E_Y 无人机目标检测算法,模型结构如图 4-2 所示,图中 Backbone、Neck 和 Head 将在 4.2.2、4.2.3、4.2.4 节中分别进行设计和说明。

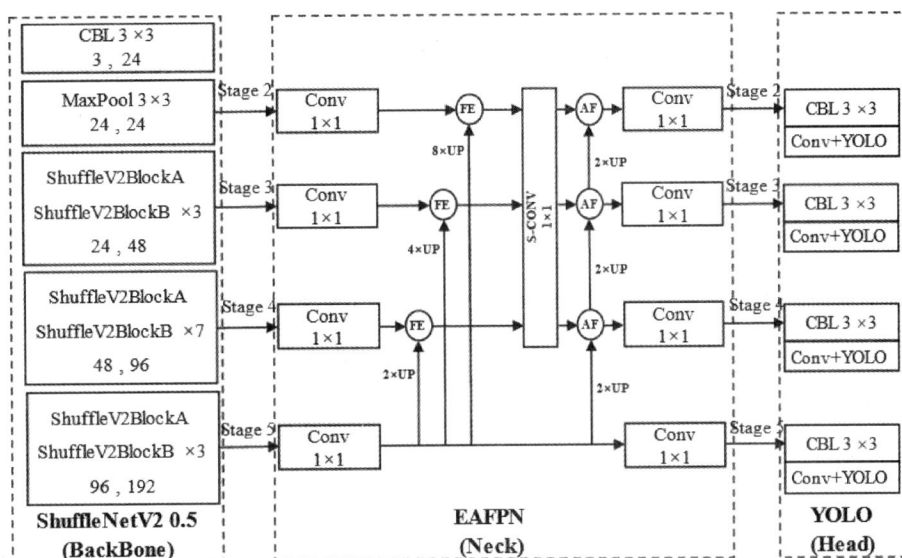

图 4-2　S_E_Y 轻量级无人机目标检测算法模型结构图

4.2.2　基于 ShuffleNetV2 的轻量级骨干网设计

在 ShuffleNetV2 的论文中,作者提出了设计轻量级网络的四大准则,根据四大准则与 ShuffleNetV1 的不足并参考稠密连接网络(DenseNet)[111],设计了 ShuffleNetV2 网络。其整体架构如图 4-3 所示,ShuffleNetV2 共提供了 4 种复杂程度不同的网络模型,包括 0.5 x、1.0 x、1.5 x 和 2.0 x,主要区别在于模型参数量的不同。

相较于追求精度的检测算法,ShuffleNetV2 拥有更低的网络结构复杂度和更快的推理速度,且相比于 ShuffleNet、MobileNetV2[42]等其他轻量级网络,ShuffleNetV2 更加准确且快速。在模型训练时,ShuffleNetV2 仅消耗少量的计算资源,这使得 ShuffleNetV2 能够支持更大的图像分辨率输入到网络中训练,在 MS COCO 数据集上,使用复杂程度最高的 ShuffleNetV2 2.0x 以 800×1 200 的高分辨率作为输入图像时,mAP 值能够达到了 34.2%,

而其最小模型 ShuffleNetv2 0.5x 的 FLOPS 仅 41 M,模型权重的仅有 1.4 MB[112]。

如图 4-4(b)所示,ShuffleNetv2 骨干网主要由两种 ShuffleV2Block 模块构成,其中 ShuffleV2Block(A)模块用于下采样和特征图通道数调整,其将输入大小为 N、通道数为 C 的特征张量分别通过步长为 2 的 DWConv(Depthwise Convolution)分组卷积进行下采样,并通过 Concat 进行通道拼接,最后使用 Channel Shuffle[98] 完成通道混洗达到不同分组特征图之间的信息融合,输出大小为 $N/2 \times N/2$ 通道数为 $2C$ 的特征图;ShuffleV2Block(B)主要用于保证降低参数量和计算量的情况下,提取特征信息。ShuffleNetV2 的骨干网结构如图 4-4(b)所示,图中 CBL 表示融合 BN 层和 Leaky ReLU 激活函数的卷积层,每一个模块后的数字表示叠加的模块数,Stage 表示一次下采样后的卷积阶段。

层	输出尺寸	卷积大小	步长	重复次数	输出通道			
					0.5×	1×	1.5×	2×
Image	224×224				3	3	3	3
Conv1	112×112	3×3	2	1	24	24	24	24
MaxPool	56×56	3×3	2					
Stage2	28×28		2	1	48	116	176	244
	28×28		1	3				
Stage3	14×14		2	1	96	232	352	488
	14×14		1	7				
Stage4	7×7		2	1	192	464	704	976
	7×7		1	3				
Conv5	7×7	1×1	1	1	1 024	1 024	1 024	2 048
GlobalPool	1×1	7×7						
FC					1 000	1 000	1 000	1 000
FLOPs					41M	146M	299M	591M
# of Weights					1.4M	2.3M	3.5M	7.4M

图 4-3 ShuffleNetV2 整体架构图[64]

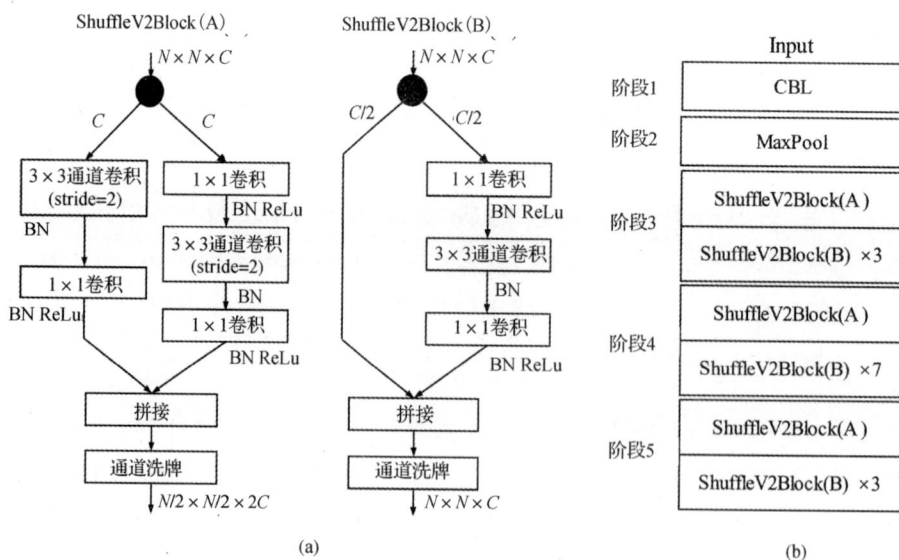

图 4-4 ShuffleNetV2 结构图

(a) ShuffleNetBlock; (b) ShuffleNet Backbone

本试验为了尽量降低模型的复杂程度,保证算法在消耗低 GPU 训练资源下,也能支持高分辨率的图像输入,因此选择复杂度最低、参数量和 FLOPS 最小的 ShuffleNetV2 0.5 x 作为算法的骨干网 Backbone。

4.2.3　强化小目标特征表达的 EAFPN 颈部网络设计

为了解决 4.2.1 中描述的算法模型对小目标特征提取能力受限的问题,本书基于特征金字塔结构(FPN)[73],提出增强自适应特征金字塔网络(Enhance Adaptive Feature Pyramid Network,EAFPN)的 Neck 结构。

特征金字塔网络(Feature Pyramid Networks,FPN)[113]的金字塔级特征融合结构如图 4-5 所示,其中⊕表示元素相加。自下而上的路径为骨干网的前馈网络,并选择骨干网中每个下采样阶段中的最后一层卷积输出层定义为一层特征金字塔层(作者使用骨干网中第 2、3、4、5 次下采样阶段最后一层卷积作为特征金字塔的输入,命名为 C_2,C_3,C_4,C_5);首先使用 1×1 的 conv 层实现不同通道维度的统一,自上而下的路径是将顶层的特征图通过上采样的方式恢复为更高分辨率的特征,然后通过横向以"Add"的方式与骨干网得到的同样尺寸的特征图进行相加,再使用 3×3 的 conv 层改善 upsample 操作带来的混叠效应,得到最终的特征图,命名为 P_2,P_3,P_4,P_5。

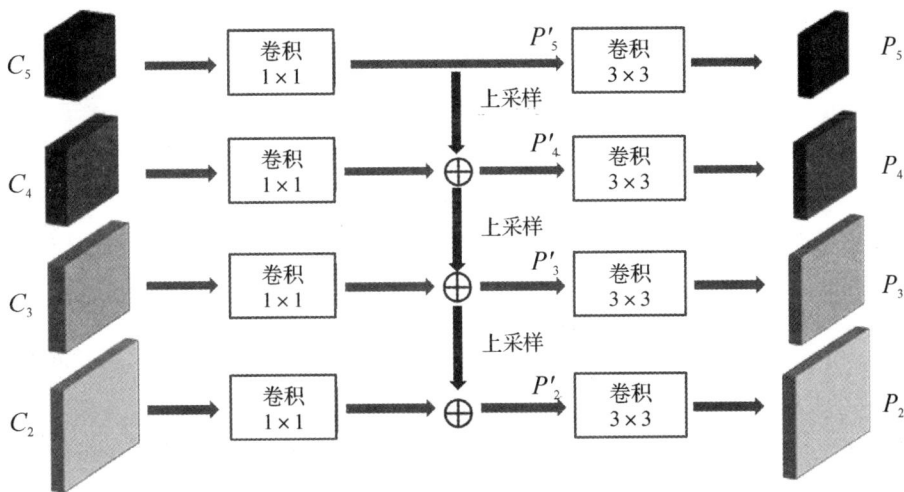

图 4-5　FPN 结构图

在 FPN 负责预测小目标的底层金字塔级特征图中(见图 4-5 中 $C_2 \rightarrow P_2$ 特征图),小目标信息虽然通过特征融合得到加强,但特征图中依然包含大量其他非目标的纹理特征,这会导致在使用更浅层的金字塔特征图用以判断小目标的过程中,网络会大幅度提升检测的召回率,但同时也会引入更加巨大的误检率。

为解决上述问题,本书以 FPN 结构为基础,提出 EAFPN 结构,如图 4-6 所示,其中 FE 和 AF 分别为特征增强(Feature Enhancement)和自适应融合(Adaptively Fusion),S-CONV表示共享卷积。EAFPN 首先按照 FPN 结构对输入的金字塔特征图使用 1×1

卷积操作进行通道维度的统一,将得到的特征图进行特征增强(Feature Enhancement,FE)处理,再经过一层共享卷(S-Conv)操作达到金字塔级特征图的语义平衡,最后将得到的金字塔级特征图以自适应的方式进行跨尺度特征的融合(Adaptively Fusion,AF),并按照FPN结构将特征图通过 3×3 卷积操作输出,完成 Neck 层的特征融合。

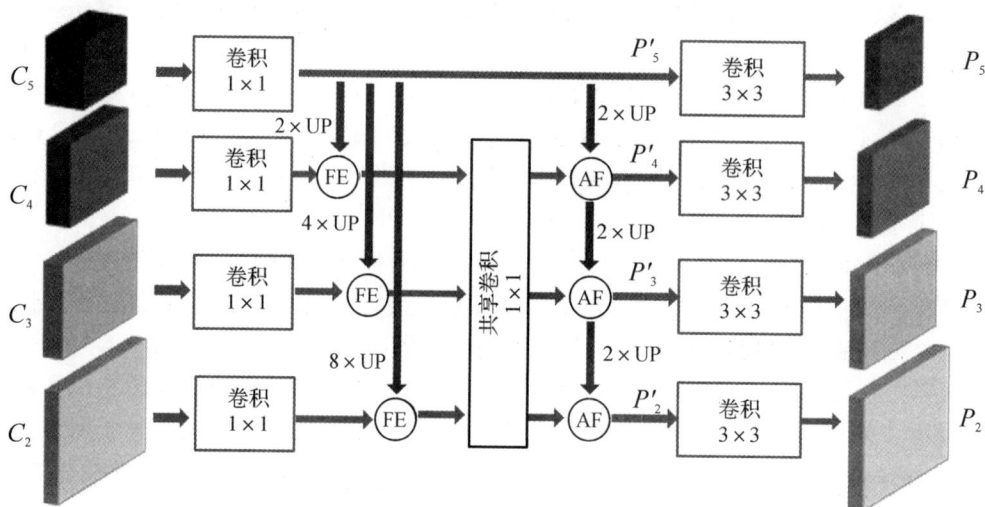

图 4-6　EAFPN 结构图

1.目标特征增强(FE)模块

对于弱小目标的检测通常会将 FPN 中特征金字塔拓展到骨干网第二次下采样得到的特征图,由于下采样次数较少,检测模型能够根据保留丰富细节信息的特征图,来"看"到更多的小目标细节。这种拓展特征金字塔的方式在小目标的检测上能够带来直接的性能提升。但越浅层的特征图在保留更多"目标特征"的同时,也夹杂着更多的"非目标特征",这导致在使用更浅层特征图进行预测时,预测层会同时将"小目标"和"伪目标"都预测为正样本,模型由此会表现出更高的召回率和相对低的准确率。

为改善 FPN 底层特征图中的"非目标特征"对预测结果的影响,本书设计了一种目标特征增强(FE)模块用于强化"目标特征"区域,抑制"非目标特征"区域,提升模型的准确率。如图 4-7 所示,以 FPN 中第二次下采样的特征图为例,特征增强模块利用 FPN 中来自骨干网最顶层具有强语义大感受野的特征图作为"过滤器",将 FPN 中底层特征图上采样至与 FPN 中 C_2,C_3,C_4 特征图相对应的大小尺寸,并以逐元素相乘的方式对原特征图中目标区域特征进行增强。这是由于 FPN 中的顶层特征图拥有足够大的感受野,其更加突出目标区域特征而非细节特征,而 FPN 的浅层特征图中保留着更多的细节特征,其中包括一些"非目标特征",将顶层特征图与浅层的特征图相乘能有效过滤掉浅层特征图中一些"非目标特征"区域,同时目标特征也会得到增强。

但特征增强操作并不能增强所有的目标特征,也会存在抑制"目标特征"情况,直接使用增强的特征图会存在一定有效特征的丢失,因此在特征增强(FE)模块最后我们使用 Concat 操作将原特征图与增强后的特征图进行融合。

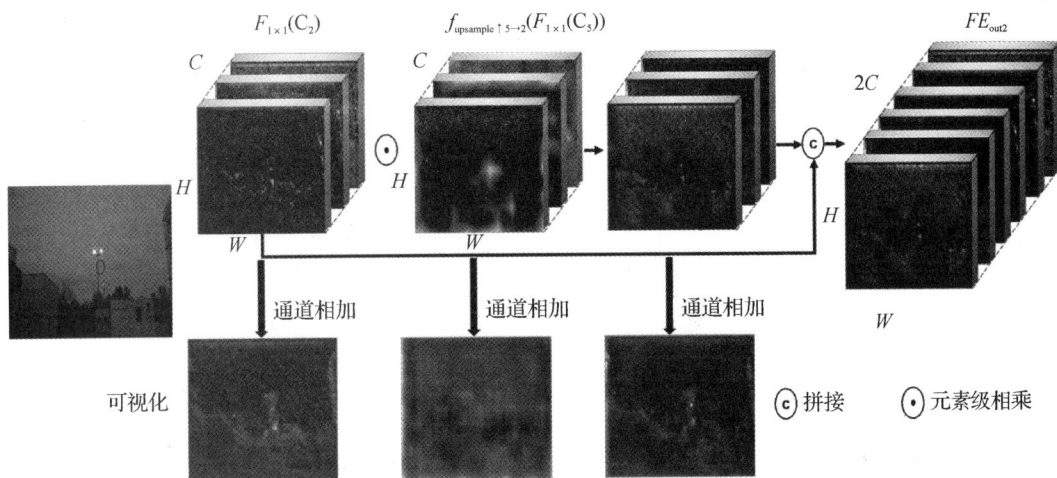

图 4 - 7　特征增强模块可视化

其中,FPN 中每一级特征金字塔的特征图在通过特征增强模块后,输出结果可表示为

$$FE_{outl} = cancat(F_{1 \times 1}(C_l), F_{1 \times 1}(C_l) \odot f_{upsample \uparrow 5 \to l}(F_{1 \times 1}(C_5))) \tag{4-1}$$

式中:$F_{1 \times 1}$ 为 1×1 的卷积操作;$f_{upsample \uparrow 5 \to l}$ 表示对 FPN 中来自骨干网第 5 次下采样特征图进行上采样至第 1 次下采样的尺寸大小;$\odot$ 表示"Element - wise product"逐元素点乘运算,Concat 表示特征图通达维度拼接。

2.跨尺度特征图语义平衡

由于特征增强模块的 Concat 操作会将输出特征图通道数变为原来的 2 倍,为恢复至原通道维度数,我们采用 1×1 尺寸大小的卷积核对增强特征图进行降维,同时考虑到 FPN 在进行跨尺度特征融合时,由于金字塔特征图之间感受野和语义信息差异较大会减弱多尺度特征图的表达能力,因此我们使用 1×1 尺寸大小的共享卷积对特征图 FEout2,FEout3,FEout4 进行卷积操作,即特征图 FEout2,FEout3,FEout4 通过卷积层进行通道维度的调整,并共享卷积核的权值。

这样卷积核能平衡特征图 FEout2,FEout3,FEout4 的语义信息,减小特征图之间语义信息的差异,改善直接进行跨尺度特征融合时带来的多尺度特征的表达能力不足的问题。

3.特征自适应融合(AF)模块

为进一步改善 FPN 中直接进行跨尺度特征融合时带来的特征的表达减弱,将 FPN 中逐元素相加的特征融合方式进行了优化。如图 4 - 8(a)所示,在 FPN 中,特征融合的方式较为直接:将顶层特征图通过上采样处理与下一层特征图做逐元素相加进行融合,并将融合的特征图进行以上述方式向底层特征图融合。

考虑到不同层特征图所负责预测的目标尺度不同,其需要融合来自上一层的特征信息与本层存在的差异,直接以 $1:1$ 的比例进行相加操作并不合理。因此,试验在进行特征融合的两个特征图前加入像素级的权重因子 Ψ 和 Υ(Ψ 和 Υ 分别为两个特征图中每个像素点权重系数的集合),让特征图在进行逐元素相加时,能根据所需不同尺度特征信息的不同自适应地调节比例,如图 4 - 8(b)所示,其中,"s - conv"表示共享卷积层,"UP"表示上采样,$\oplus$

表示元素相加。

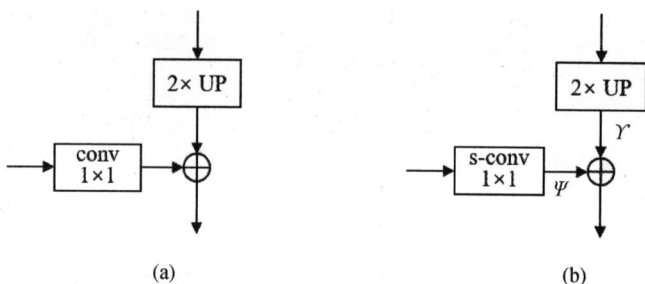

图 4-8　特征融合改进前后对比图

(a) FPN 中 Shortcut 特征融合；　(b) 本书提出的自适应特征融合

输入通道数 C、高 H、宽 W 的特征图时,像素级权重因子集合 Ψ 和 Υ 表示为

$$\Psi = \{\phi_{c,i,j},(c \in C, i \in H, j \in W)\} \tag{4-2}$$

$$\Upsilon = \{\gamma_{c,i,j},(c \in C, i \in H, j \in W)\} \tag{4-3}$$

式中：$\varphi_{(c,i,j)}$ 和 $\gamma_{(c,i,j)}$ 中 (c,i,j) 对应表示第 c 个通道数特征图上坐标在 (i,j) 位置的像素点。$\varphi_{(c,i,j)}$ 和 $\gamma_{(c,i,j)}$ 两个权重系数值是将两个特征点像素值进行 softmax 归一化操作得到。最终通过自适应加权的特征融合的输出结果如图 4-9 和式(4-4)所示,图中 $\otimes$ 表示两数相乘。

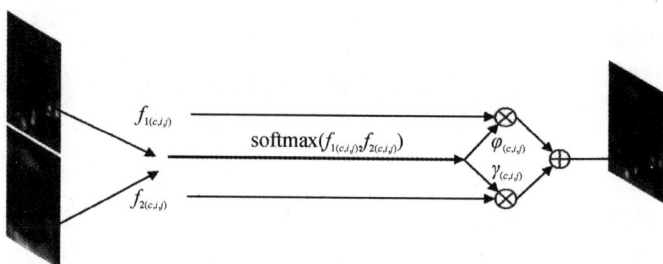

图 4-9　自适应特征融合模块可视化

$$P_l{}' = \Psi \cdot F'_{1\times1}(\mathrm{FE}_{\mathrm{out}l}) + \Upsilon \cdot f_{\mathrm{upsample}}(P'_{l+1}) \tag{4-4}$$

式中：$P_l{}'$ 表示经过特征融合后的特征图；$F'_{1\times1}$ 表示卷积核为 1×1 的共享卷积层。

最终通过增强自适应多尺度特征融合 EAFPN 操作后输出的特征图表示为

$$P_l = F_{3\times3}(F'_{1\times1}(\mathrm{FE}_{\mathrm{out}l}) + f_{\mathrm{upsample}}(P'_{l+1})) \tag{4-5}$$

4.2.4　基于 YOLO Head 的 Anchor box 检测头优化设计

1.YOLO Head 检测头

YOLO Head[18] 是自 YOLOv3 算法提出以来 YOLO 系列一直使用的一种目标检测头。YOLO Head 共包含两层卷积,并将传统的用于边框回归和用于目标分类的两条支路卷积合并为"回归＋分类"共同完成,因此相较于其他 Anchor 机制的检测头,YOLO Head

更为简洁,且速度更快。

　　YOLO Head 利用 Neck 输出的不同大小的特征图来对图像中不同大小的目标进行预测。以 YOLOv3 算法为例,当输入图像大小为 416×416,则 Neck 层输出 52×52、26×26、13×13 三种尺寸大小的特征图,如图 4-10 所示,YOLO 检测头会根据输入特征图大小的不同,对应将特征图的每一个像素点缩放并映射到原图像上形成的网格 grid cells,其中网格大的用于预测大目标,网格小的用于预测小目标。

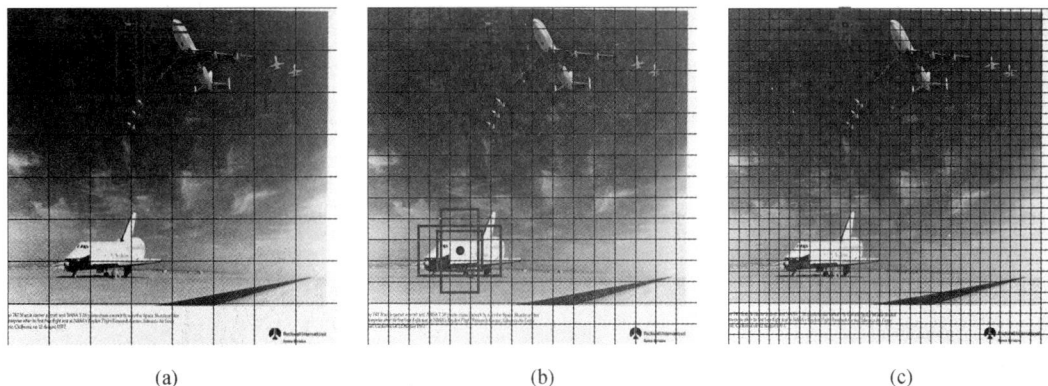

图 4-10　不同尺度的 YOLO 检测头对应的 Anchor box 示意图

(a) 13×13 grid cells; 　(b) 26×26 grid cells; 　(c) 52×52 grid cells

　　YOLO Head 对每个 grid cell 网格都会生成 C 个通道数,通道数中包含了预测目标的信息,其中包括预测目标框"$x_{\min}, y_{\min}, x_{\max}, y_{\max}$"的 4 个坐标信息、有无目标概率 P_{obj} 和目标类别的概率 P,如图 4-11 所示。

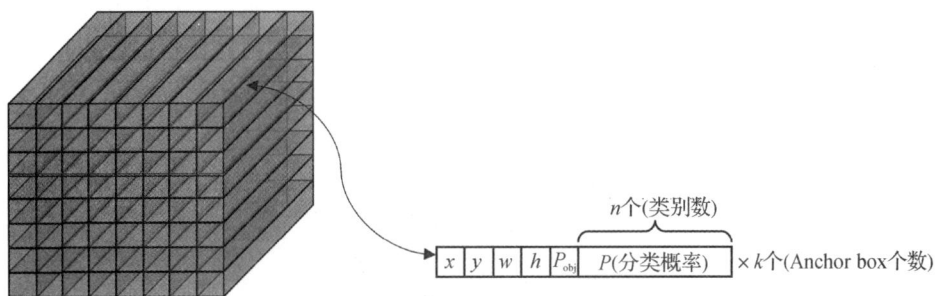

图 4-11　YOLO Head 输出特征图通道数含义

　　通道数 C 计算公式为

$$C = (4 + 1 + n) \times k \tag{4-6}$$

式中:数字 4 指目标框所在的左下角、右上角的坐标位置的数量,数字 1 代表有无目标概率,n 表示分类的类别数,k 是检测头使用的 Anchox box 数量。

　　由于每个 grid cell 中都会产生预测框,为了从大量的候选框中筛选出最佳的目标边界框,检测头还需对预测框进行非极大值抑制(Non-Maximum Suppression,NMS)[114],其算法流程如下:

算法 1　NMS 算法筛选候选框

Step 1：将候选框的置信度得分和其"$x_{\min}$，$y_{\min}$，$x_{\max}$，$y_{\max}$"坐标一共 5 个预测值作为输入。

Step 2：按照置信度得分对候选框降序排序，并删去低于置信度阈值的候选框。

Step 3：将排序后的第一个候选框作为当前边框，计算其与其他候选框的交并比 IoU，其中

$$IoU_{A,B} = \frac{S_A \bigcap S_B}{S_A \bigcup S_B} \qquad (4-7)$$

式中：A、B 代表两个边框 S_A 和 S_B 的面积。

Step 4：删去 IoU 值大于设定的阈值的候选框，并将当前边框放入结果列表。

Step 5：重复 Step2～4 直到排序的候选框数量为 0。

最终将保留下来的 Anchor box 进行偏移量的调整和优化，计算公式如下：

$$\left.\begin{array}{l} b_x = \sigma(t_x) + c_x \\ b_y = \sigma(t_y) + c_y \\ b_w = p_w e^{t_w} \\ b_h = p_h e^{t_h} \\ \sigma(t_o) = Pr(object) \times IoU(b, object) \end{array}\right\} \qquad (4-8)$$

结合图 4-12，式中 c_x 和 c_y 分别代表中心点所处区域的左上角坐标，p_w 和 p_h 分别代表 Anchor 的宽和高，$\sigma(t_x)$ 和 $\sigma(t_y)$ 分别代表预测框中心点和左上角的距离，σ 为 sigmoid 函数，将偏移量限制在当前 grid cell 中，有利于模型收敛。b_w 和 b_h 代表预测的宽高偏移量，即 Anchor 的宽和高乘上指数化后的宽高，对 Anchor 长宽进行调整。$\sigma(t_o)$ 是置信度预测值，即当前框判断有目标的概率乘以 Bounding box 和 Ground truth 进行 IoU 的结果，最终输出预测得到的 Bounding box 结果。

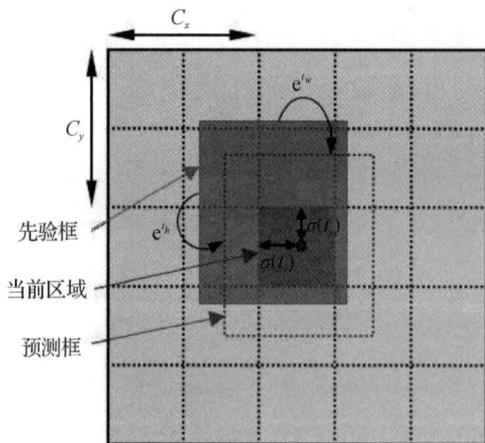

图 4-12　预测框偏移量优化过程可视化

2.Anchor box 优化设计

为改善检测头检测范围受限的问题，本书在提出的 S_E_Y 检测算法中使用第 2、3、4、5

次下采样后的特征图用来作为 YOLO Head 检测头输入,因此网络共使用 4 个不同尺度的检测头,并参考 YOLOv3,对每个 YOLO Head 分配 3 个 Anchor box 进行预测输出,共 12 个 Anchor box。

针对预设 Anchor box 大小不匹配的问题,传统的 YOLO Head 中使用了传统的 K-means 聚类算法对数据集进行了边框聚类,其通过预先从数据集中选取 K 个初始化聚类点,通过遍历数据集中所有数据计算其他点到预设的中心点的距离来划分数据,并计算每个聚类的平均值作为新的中心点[115],最后迭代上述步骤。在计算中,中心点初始化选取的好坏会影响到聚类的效果,而 K-means 算法初始化聚类点完全是随机的,因此聚类的准确性并不稳定。为此,本书使用 K-means++聚类算法对 TinyUAV 训练集中标注框进行聚类分析,具体算法如下:

算法 2　K-means++算法

Step 1:随机选取样本目标框的一个样本作为初始聚类中心。

Step 2:计算每个样本 x 与已有聚类中心点的距离 $D(x)$,并计算每个样本被选为下一个聚类中心的概率 $P(x)$。

$$P(x) = \frac{D(x)}{\sum_{x \in X} D(x)^2} \tag{4-9}$$

Step 3:通过轮盘法选出下一个聚类中心,直至选出 K 个初始化聚类中心。

Step 4:计算数据集中每个样本到 K 个聚类中心的距离并分到距离最小的类中。

Step 5:重新计算每个聚类的平均值作为新的中心点;

Step 6:重复 Step 4~5 直到聚类中心位置不再变化。

K-means++算法在 K-means 基础上对初始聚类中心进行了优化。算法不直接随机初始化需要聚类的 K 个类别,而是先随机初始化 1 个聚类中心,并选择距离当前中心最远的点为下一个初始化中心点,初始的聚类中心之间的相互距离要尽可能的远,这种方式改善了 K-means 算法在随机初始化时,可能出现聚类中心点之间距离过近,导致分类结果误差加大的问题。

表 4-2 中以输入 576×576 大小图像为例,展现了分别使用 K-means 算法和 K-means++算法两种聚类方式,对 TinyUAV 训练集中的目标框聚类后的结果。

表 4-2　Anchor box 聚类结果对比

算　法	Anchor box 大小
K-means 聚类	(4,5),(4,6),(5,7),(5,8),(6,6),(7,9),(8,12),(11,9),(11,15)
K-means++聚类	(3,2),(4,3),(5,4),(7,3),(7,5),(8,6),(11,5),(11,8),(21,15)

4.3　试验及结果分析

本节将对本章提出的 S_E_Y 弱小无人机目标检测算法设计,通过消融试验的方式证明设计的有效性,并通过横向试验对比 S_E_Y 算法与其他算法的性能。试验环境、模型训练和测试的参数以及模型评估指标均按照 3.2 节中 TinyUAV 数据集基准实验时的设置,详细参考 3.2 节。

4.3.1 消融试验与结果分析

本节通过消融试验(Ablation experiments),对比 S_E_Y 算法中不同模块设计,证明在高分辨率图像下的弱小无人机目标检测问题上的有效性。

试验共设 4 组,现将具体试验设置做如下说明:

试验 1(Experiment 1):试验使用以 ShuffleNetV2 0.5x 为骨干网 Backbone,以 FPN 为模型颈部 Neck,使用网络第 5 次、第 4 次和第 3 次下采样的不同尺度特征图进行预测的 3 个 YOLO Head 为模型的头部 Head,并使用通过 K‐means 聚类算法对 TinyUAV 数据集中目标大小进行聚类分析获取的 Anchor box 进行的消融试验的基准 Baseline。此试验对应 4.2.2 节。

试验 2(Experiment 2):在试验 1 的基础上,优化 Anchor box,将 K‐means 聚类算法改为 K‐means＋＋聚类分析。此试验对应 4.2.4 节;

试验 3(Experiment 3):在试验 2 的基础上,将 3 个检测头拓展为 4 个,增加使用第 2 次下采样得到的特征图进行预测的检测头。此试验对应 4.2.4 节;

试验 4(Experiment 4):在试验 3 的基础上,将 Neck 部分用于特征融合的 FPN 改为本书提出的 EAFPN 结构。此试验对应 4.2.3 节;

试验图片输入大小为 576×576,4 组试验在 TinyUAV 训练集上进行训练,训练共设 60 Epochs,并在测试集中进行评估测试。图 4‐13 展示了不同试验模型在训练过程中每训练一个 Epoch 在测试集上测试的平均精度收敛情况。

将完成训练后的模型在 TinyUAV 数据集上进行评估,测试结果见表 4‐3。

Baseline 试验结果见图 4‐13 中试验 1 所示,从试验结果中模型的参数量和浮点运算量来看,ShuffleNetV2 极大幅度地降低了模型的复杂度,也使模型检测速度达到 94 帧/s,但算法表现得精度较低,AP 仅有 47.7%。

表中试验 2 对 YOLO Head 的 Anchor box 聚类机制进行了优化。可以看出,通过 K‐means＋＋聚类得到的优化 Anchor box 比 K‐means 聚类算法更加准确,算法精度 AP_{50} 值得到了 1.2% 的提升。

试验 3 在试验 2 的基础上增加了使用第 2 次下采样后的特征图进行预测的 YOLO Head。通过与试验 3 的结果对比,可以证明增加使用更浅层的特征图进行预测,对小目标检测任务能够带来巨大的性能提升,其中 AP 只提升了 11.9%。

试验 4 在试验 3 的基础上将 Neck 部分常用的 FPN 结构改为本书提出的 EAMFF 结构。从结果看,EAMFF 在引入少量的参数量(Params 增加 0.02 MB)和少量的浮点运算量(FLOPS 增加了 0.51 G)的情况下,较 FPN 的特征融合方式提升了 3.8%,证明了 EAMFF 的增强自适应多尺度特征融合设计能够有效增强神经网络对小目标特征的表达。

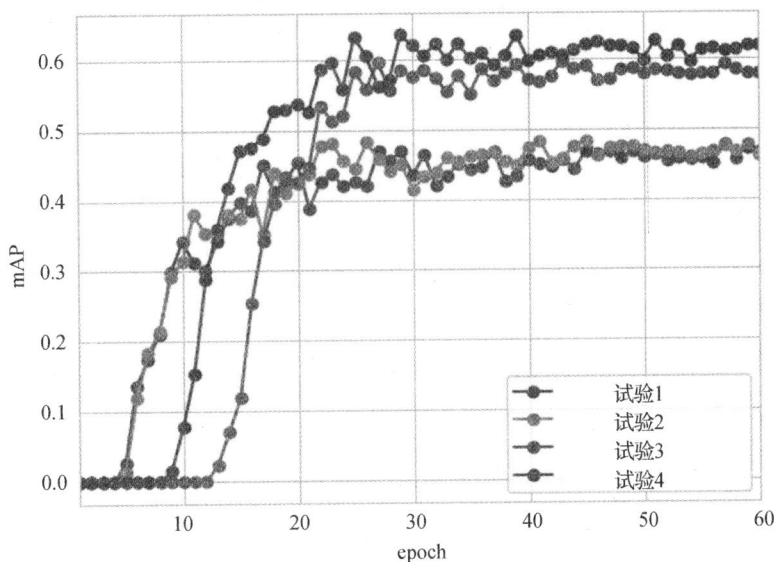

图 4－13　训练过程中模型平均精度收敛情况

表 4－3　消融试验结果对比

试　　验	骨干网	颈部层	检测头		$AP_{50}/(\%)$	帧/s	参数量/MG	运算量/G
试验 1		FPN	3 Head	$K-means$	47.7	94	1.36	1.76
试验 2	ShuffleNet	FPN	3 Head	$K-means++$	48.3	94	1.36	1.76
试验 3	V2 0.5x	FPN	4 Head	$K-means++$	59.6	87	1.44	4.09
试验 4（Ours）		EAMFF	4 Head	$K-means++$	63.4	83	1.46	4.60

4.3.2　横向对比试验与结果分析

通过上述消融试验证明，S_E_Y 轻量级检测算法在 TinyUAV 测试集上达到与现有的通用检测算法近乎相当的检测精度，同时保证了高实时性、低模型复杂度和训练时占用较低的 GPU 计算资源，这使得 S_E_Y 轻量级检测算法能够支持更高分辨率的图像进行训练和测试，并利用高分辨率图像丰富的细节信息得到更高的检测精度。

本节将以横向试验的形式，对比不同图像分辨率下 S_E_Y 算法与其他常规目标检测算法的综合性能；同时，也证明本书提出的算法在同等级的轻量级网络中也能表现出较高的性能，在对比试验中，我们加入了现有的轻量级目标检测算法，其中包括 YOLOv3－tiny、NanoDet[116] 以及 QuarkDet[117]。结果见表 4－4，其中 GPU 占用量为 Batch－size 为 4 时模型训练占用的显存。

表 4 - 4　横向试验结果对比

方　法	骨干网	输入图像尺寸	AP_{50}/（%）	帧/s	参数量/M	运算量/G	GPU 占用量/MB
通用目标检测方法							
Faster RCNN	Resnet50（FPN）	576×324	26.2	40	41.12	49.59	1 899
		768×432	51.3	31	41.12	76.50	2 548
	Resnet101（FPN）	576×324	33.3	32	60.11	63.97	2 832
		768×432	50.5	24	60.11	101.15	3 931
SSD512	VGG16	512×512	61.1	43	24.39	63.06	4 358
YOLOv3	Darknet53	576×576	64.2	53	61.52	62.81	2 670
		768×768	80.7	36	61.52	111.65	3 875
YOLOv4	CSPDarknet53	576×576	68.4	42	63.94	57.28	5 382
		768×768	80.9	24	63.94	101.84	7 245

方　法	骨干网	输入图像尺寸	AP_{50}/（%）	FPS	参数量/M	运算量/G	GPU 占用量/MG
轻量级目标检测方法							
YOLOv4 tiny	CSPDarknet53 tiny	576×576	41.0	178	5.87	6.54	480
		768×768	62.1	150	5.87	11.63	726
YOLOv3 tiny	Darknet53 tiny	576×576	48.6	198	8.67	5.26	479
		768×768	67.9	154	8.67	9.35	708
NanoDet	ShuffleNetV2 0.5x	576×576	56.1	76	1.52	1.94	1 168
		768×768	78.7	68	1.52	3.44	1 510
QuarkDet	MoblieNetV3 Small	576×576	49.5	78	1.21	1.45	1 142
		768×768	78.0	70	1.21	2.57	1 488
Ours	ShuffleNetV2 0.5x（EAMFF）	576×576	63.4	83	1.46	4.6	236
		768×768	80.6	78	1.46	8.18	1 002
		960×960	85.0	70	1.46	12.77	1 778
		1 344×1 344	88.4	53	1.46	25.04	2 843

　　结合表 4 - 4 中的常规检测算法和轻量级目标检测算法,从试验结果可见,本书提出的算法能够实现在低 GPU 占用量的情况下,训练高分辨率的图像。在输入 1 344×1 344 尺寸的图像时,本书提出的算法检测精度 AP_{50} 达到了 88.4%,算法检测速度 FPS 达到 53 帧/s,保证了实时性,综合性能超越了现有的其他算法。

　　为了更直观地对比算法在检测精度、速度以及模型训练所消耗的 GPU 内存三个方面的性能,本书绘制了 FPS - AP50 - GPU Memory 关系图,如图 4 - 14 所示。

　　图 4 - 14 中横、纵坐标分别代表 FPS 和 AP_{50},圆面积大小代表每一算法消耗的 GPU Memory,图 4 - 14(a)为 S_E_Y 检测算法与常规目标检测算法综合性能的对比,图 4 - 14 (b)为 S_E_Y 检测算法与轻量级检测算法综合性能的对比。图 4 - 14 更直观地展示了本书

提出的 S_E_Y 检测算法在检测高分辨率图像中的弱小无人机目标时,能够表现出较强的综合性能,S_E_Y 算法实现了检测精度和速度较好的平衡。

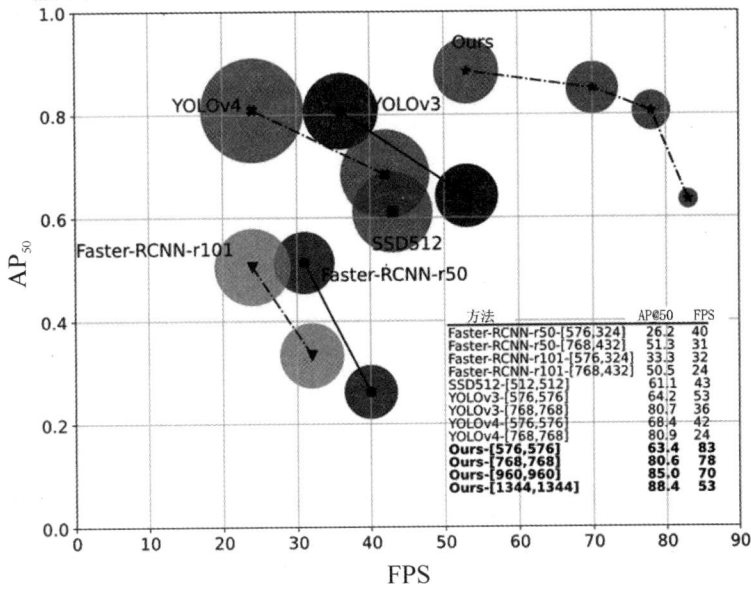

(a)

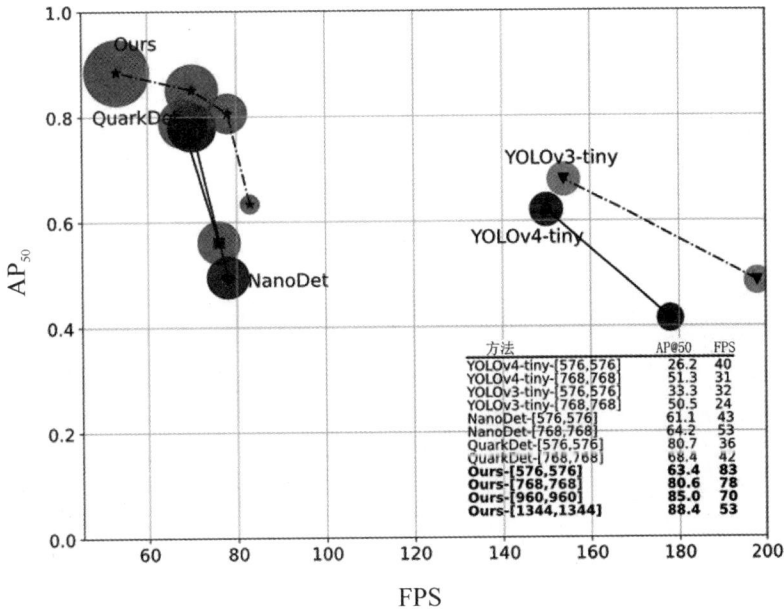

(b)

图 4 - 14　FPS - AP₅₀ - GPU Memory 结果对比图

（a）S_E_Y 算法与通用检测算法性能对比；（b）S_E_Y 算法与轻量级检测算法性能对比

4.3.3　检测结果可视化对比

本节对本章提出的高分辨率图像的轻量级入侵无人机目标检测算法 S_E_Y 在 TinyUAV 测试集上检测结果进行了可视化,算法最终选择使用 1 344×1 344 的高分辨率图像输入。可视化结果如图 4-15 所示,由于目标肉眼难以辨别,因此均对检测结果进行了放大处理,并用圆形框将原图像中检测到的目标进行了标注,预测出的结果包括目标标签 "UAV"、目标位置以及置信度。

从检测结果的部分可视化可知,本章提出的 S_E_Y 算法在检测高分辨率图像中的弱小无人机目标问题上,能表现出较高的准确性。

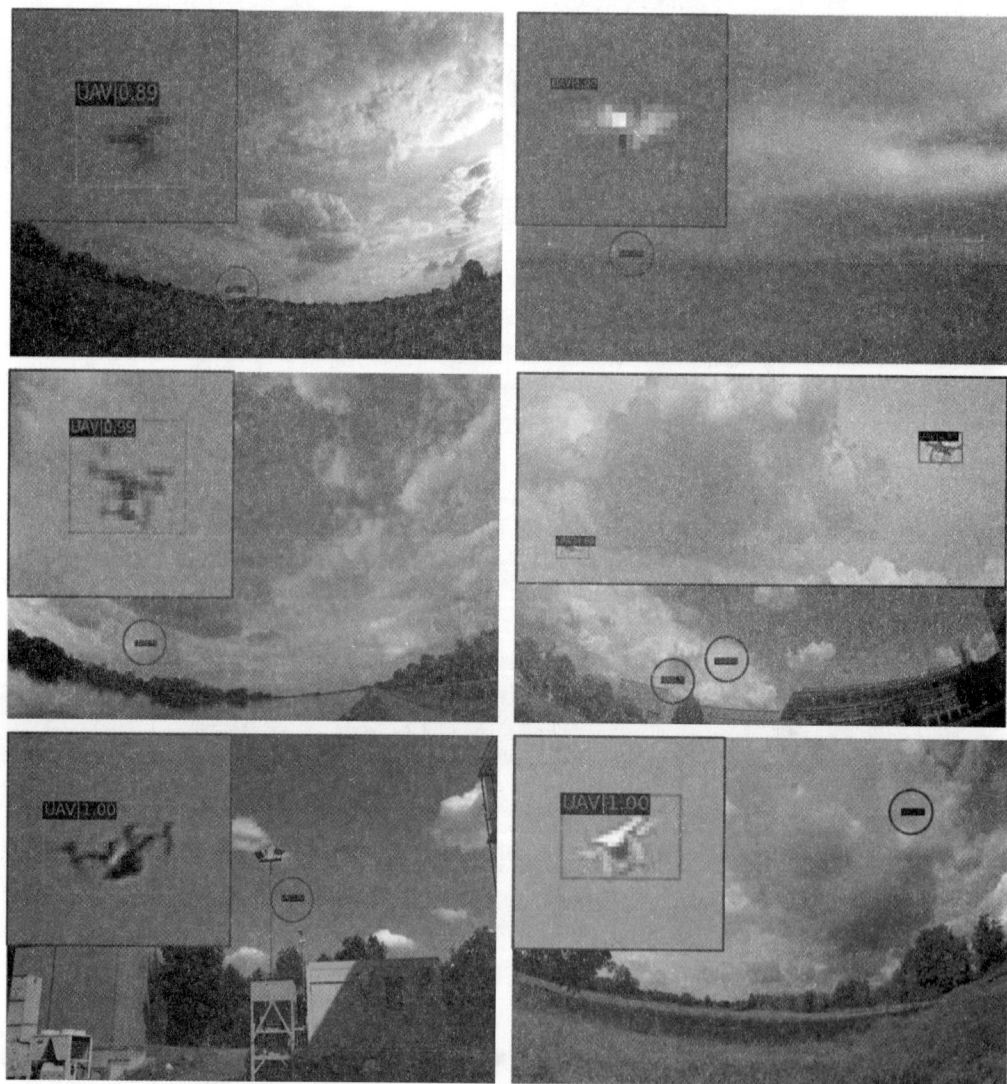

图 4-15　S_E_Y 算法在 TinyUAV 测试集上部分结果可视化

4.4　本章小结

为解决现有算法在检测高分辨率图像中弱小无人机目标时表现出的检测精度和实时性,以及占用 GPU 计算资源难以平衡的问题,本章通过分析现有检测算法在检测弱小无人机目标中存在的问题,并结合基础试验分析,提出一种适用于高分辨率检测的轻量级弱小无人机目标检测算法 S_E_Y。S_E_Y 模型的骨干网 Backbone 选择轻量级网络 ShuffleNetV2 0.5x,颈部 Neck 使用所提出的 EAMFF 增强自适应多尺度融合结构,检测头 Head 基于 YOLO Head,并使用 K-means++聚类算法对 Anchor Box 进行优化设计。所提出的基于高分辨率输入图像的轻量级入侵无人机目标检测算法实现了在 GPU 运算资源占用量较低的情况下,训练高分辨率的图像,并且以 1 344×1 344 尺寸的图像进行训练后得到的模型,在 TinyUAV 测试机上检测精度 AP_{50} 达到 88.4%,FPS 达到 53 帧/s,在检测的实时性、准确性和 GPU 占用量上均优于 YOLOv4、YOLOv3、SSD512、Faster RCNN 等通用目标检测算法,与 YOLOv3-tiny、YOLOv4-tiny、NanoDet、QuarkDet 等现有其他轻量级目标检测算法相比,S_E_Y 实现了更好的检测精度与速度的平衡。

第5章 复杂背景下多尺度无人机
目标检测算法研究

为解决现有目标检测算法在面向城市、山林等复杂应用场景下入侵无人机目标检测任务中存在的高虚警率和低检测精度的问题,本章以现有最强大的目标检测器 YOLOv4 算法为基础,通过分析 YOLOv4 算法在复杂背景下无人机目标检测任务中表现出来的实际问题,提出用于复杂场景下无人机目标检测的 UCB-IYOLOv4 检测算法。与现有算法比较,所提算法表现出更好的检测精度以及更低的虚警率。

5.1 概　　述

复杂背景下目标检测任务是当前计算机视觉领域研究的难点,特别是复杂背景下的小目标检测问题是目前突破的重点[118]。在执行重大活动安保、武装巡逻等任务时多处于城市、山林等背景环境复杂多变的执勤场景,此类场景干扰物较多,前景与背景区分难度大,并且监控视距受到高楼建筑、树林等遮挡,视距难以捕获较远距离下的目标,这给非法入侵无人机目标的检测带来了极大的挑战。

第 3 章数据集 ComplexUAV 的基准试验结果表明,现有的目标检测算法无法实现复杂背景的高精度检测。其中 YOLOv4 算法表现出了最高的检测精度,AP_{50} 达到 78.7%,误检率为 18.4%,但检测精度依然难以满足相应的要求。因此本章针对无人机在复杂场景下的特点,以 YOLOv4 算法为基础,对其进行优化改进,强化其在复杂环境下对无人机目标的检测性能,降低算法的误检率。

5.2 YOLOv4 算法

5.2.1 算法模型结构

YOLOv4[19] 目标检测算法是一种端到端单阶段目标检测算法,该算法在 YOLOv3 目标检测算法的基础上结合大量前人的研究工作进行优化创新,实现了速度与精度的平衡。

YOLOv4 算法由用于特征提取的骨干网 Backbone、用于特征融合的颈部 Neck 以及进行分类和回归操作的检测头 Head 组成。与经典的 YOLOv3 目标检测算法相比，YOLOv4 在 YOLOv3 骨干网 Darknet 的基础上，融合 CSPNet[119]算法的思想，形成 CSPDarknet，达到了在降低网络计算量的同时保证网络准确率的效果；颈部由 YOLOv3 采用的 FPN 改为加入空间金字塔池化层（Spatial Pyramid Pooling，SPP）[120]的路径聚合网络（Path Aggregation Network，PANet）[121]，其将骨干网输出的深层特征向浅层传递，改善了 FPN 网络由浅层特征向深层传递导致的浅层特征丢失的问题；检测头部延续了 YOLOv3 中的 YOLO - Head。图 5 - 1 展示了具体的 YOLOv4 网络结构。

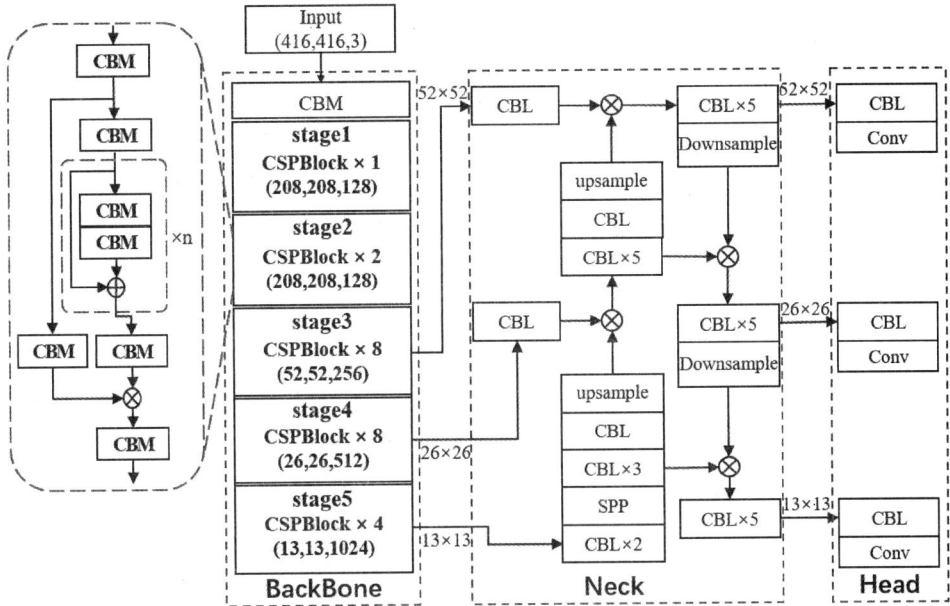

图 5 - 1　YOLOv4 网络结构

注：⊗表示特征图通道拼接；⊕表示特征元素相加；模块后乘上的系数表示模块堆叠的个数，CSPBlock 模块下的数字从左至右分别代表特征图长宽和通道数。

如图 5 - 1 所示，YOLOv4 在输入端将输入图像大小统一调整到 416×416 大小，使用融合 BN 层和 Mish 激活函数的卷积层"CBM"为基本单元，以 CSPNet 结构将残差模块堆叠形成 CSPBlock 模块构成骨干网，并在骨干网中通过 5 次步长为 2、kernel 大小为 3 的卷积层进行下采样实现特征图的降维；在网络颈部由融合 BN 层和 Leaky ReLU 激活函数的卷积层"CBL"为基本单元构成，分别进行 2 次上采样并以 PAN＋SPP 模型结构实现浅层特征与高层语义特征的融合，这也实现了多尺度感受野的融合，改善了小目标特征丢失的问题；检测头利用回归的思想，将输入图像划分为 52、26、13 不同尺寸的栅格图，分别实现对小、中和大目标的检测。

5.2.2　算法检测流程

YOLOv4 在输入端将图像尺寸调整为 416×416 输入至网络进行训练和检测；利用

CBM 卷积层和残差模块 Resunit 堆叠而成的 CSPBlock 组成的骨干网,在加深网络层数以得到更丰富的语义信息特征图的基础上有效防止了梯度消失或爆炸的问题,并在骨干网中通过 5 次步长为 2、kernel 大小为 3 的卷积层进行下采样实现特征图的降维;在网络颈部充分利用了浅层网络的细节特征,分别进行 2 次上采样并以 PAN+SPP 模型结构实现浅层特征与高层语义特征的融合以及多尺度感受野的融合,改善了小目标特征丢失的问题;YOLOv4 检测头分别使用第 3、4、5 次下采样后大小为 52×52、26×26、13×13 的特征图作为 YOLO Head 的输入,其中 YOLO Head 检测头的检测原理已在本书 4.3.2 中进行了阐述。YOLOv4 使用在 MS COCO 数据集进行 $K-means$ 聚类获取的 9 个 Anchor box,并根据使用不同感受野大小特征图的 YOLO Head,均匀分配 Anchor box,具体见表 5-1,表中使用小特征图的 YOLO Head 感受野最大,用于预测大尺寸的目标,因此使用最大的 3 个 Anchor box;使用中、小尺寸特征图进行预测的 YOLO Head 则使用中等和小型的 3 个 Anchor box。

表 5-1　YOLOv4 不同检测头使用的锚框

	大感受野 13×13 feature map	中感受野 26×26 feature map	小感受野 52×52 feature map
锚框	(116,90),(156,198),(373,326)	(30,61),(62,45),(59,119)	(10,13),(16,30),(33,23)

相较两阶段检测算法,YOLOv4 在有效提升检测精度的同时,节省了计算资源和训练时间成本,提升了检测速度,是目前使用最为广泛的检测算法之一。

5.2.3　算法在复杂背景检测任务中存在的问题分析

YOLOv4 算法虽然性能强大,但在解决复杂背景下的无人机目标检测任务时,在 ComplexUAV 数据集中的测试集上误检率依然较高,达到了 18.4%。为了有效改善 YOLOv4 算法在复杂背景下的检测精度,降低算法的误检率,本书对 YOLOv4 算法在 ComplexUAV 测试集上的部分结果进行了可视化,如图 5-2 所示。

通过结果的可视化我们发现,YOLOv4 算法在 ComplexUAV 数据集上检测精度低主要包括以下两种情况:

1.算法误将"伪目标"判断为目标

如图 5-2 中最后一行检测结果所示,YOLOv4 在检测包含"目标"和"伪目标"(例如图中风筝、飞机等干扰物)的图像时,容易同时将"目标"和"伪目标"作为检测结果输出,且"伪目标"预测的置信度较高。这说明网络在学习目标特征时较"粗略",并未对与目标相似的干扰物的特征做细致区分,导致预测时出现了误检。

2.算法误将目标判断为背景而忽略

如图 5-2 第一行从左至右的前两张图所示,图中结果并未检测出无人机目标,而是将目标作为背景忽略。通过图中无人机大小可以判断,造成这种漏检的情况并非是由于无人机目标像素过小引起。通过分析发现,上述情况是由于在复杂背景下,虽然图像中包含较多的难以判断的样本,但简单样本依然占比较大,因此模型仍然会偏向对简单样本的学习,并牺牲少部分难以判断的样本,进而更好地拟合大部分简单易学习的样本,使平均精度达到最高。

图 5 - 2　YOLOv4 算法在 ComplexUAV 测试集上部分结果可视化

5.3　基于改进 YOLOv4 的复杂背景下多尺度无人机目标检测算法

　　根据前述问题分析,本节在 YOLOv4 算法的基础上,通过在骨干网 CSPDarkent 中嵌入 scSE 注意力[122]模块,并在 YOLOv4 算法预测头之前使用改进的 ASFF 特征融合优化策略来强化神经网络对无人机目标特征信息的表达,以提升算法区分目标与"伪目标"特征的能力;通过改进 YOLOv4 算法中的损失函数,加大难样本模型拟合过程中的损失值,让模型更加专注对难样本的学习,以解决算法误将目标判断为背景的问题。综合上述改进,本书最终提出基于改进 YOLOv4 的复杂背景下无人机目标检测算法（UAV target detection algorithm based on improved YOLOv4 in complex background，简称 UCB‐IYOLOv4）。

5.3.1　嵌入 scSE 注意力的改进 CSPDarknet 特征提取网络

通过研究发现，人类在接触到大量的视觉、听觉、触觉等信息时，人脑会重点关注并处理小部分重要的信息，并忽略其他次要的信息。这种人类不可或缺的能力就叫做注意力（Attention）[92]。研究人员通过借鉴人脑的注意力，研究出了神经网络中的注意力机制（Attention Mechanism），即通过计算获取一系列权重参数对原特征图进行加权，以此针对性地强化特征图中的局部信息，并抑制其他信息[123]。

由于注意力机制能够定位到图像中感兴趣的区域，并强化神经网络对局部区域特征的学习，因此注意力机制在对细粒度（Fine‐grained）图像分类[124]任务上带来了明显的性能提升。所谓细粒度识别任务即是对同一伪目标进行再细致的分类，由此可见，复杂背景下的无人机目标检测任务中存在着与细粒度识别任务相类似的难点，即目标与其他目标之间存在相似的特征，在本任务中，则表现在无人机目标与飞鸟、风筝、飞机等干扰物目标上存在相似的特征。因此本书借鉴细粒度识别任务中使用的注意力机制的方法，通过在网络中嵌入 scSE[122]空间和通道混合注意力模型来改善算法存在的"伪目标"判断为目标问题。

1.scSE 注意力机制

受 SENet（Sequeeze and Excitation Net）中提出的 SE[100]通道注意力模型的启发，Roy 等人[122]设计出了三种基于 SE 模块的变体，即：空间压缩通道激励（Spatial Squeeze and Channel Excitation Block，cSE）、通道压缩空间激励（Channel Squeeze and Spatial Excitation Block，sSE）以及 cSE 和 sSE 两者并行组合（Spatial and Channel Squeeze & Excitation Block，scSE），并将三种模块在语义分割任务中进行了应用和测试，试验证明这样的模块可以增强特征图中有意义的特征而忽略那些不重要的特征。

（1）cSE 模块的核心思想是将特征图的全局空间特征压缩为各通道的描述符，根据各个通道之间的依赖不同对特征图进行调整，提高网络对于重要通道特征的表征能力，其结构如图 5‐3 所示。

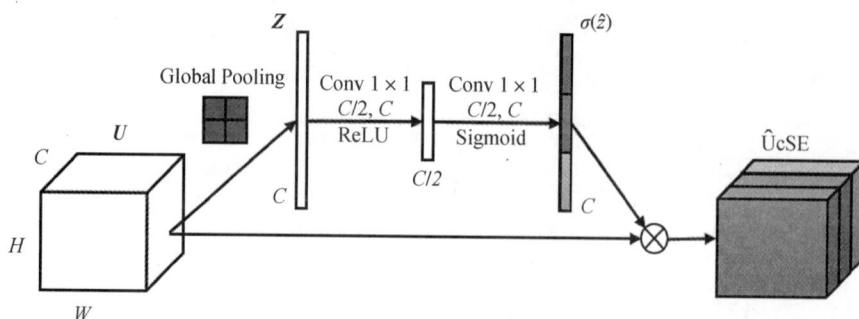

图 5‐3　cSE 模块结构图

在图 5-3 中,将输入的特征图 $U=[u_1,u_2,\cdots,u_c]$(其中通道 $u_i \in \mathbb{R}^{H \times W}$, H 和 W 是特征图的高和宽)通过全局池化层(Global Pooling),将特征图全局空间特征嵌入到向量 z(其中 $z \in \mathbb{R}^{1 \times 1 \times C}$, C 为通道数),其第 k 个通道处的值为

$$z_k = \frac{1}{H \times W} \sum_i^H \sum_j^W u_k(i,j) \tag{5-1}$$

再将得到的向量 z 通过两个权重分别为 W_1 和 W_2 的卷积核 1×1 大小的卷积层替代全连接层,并依次经过 ReLU 激活函数($\delta(\bullet)$)和 Sigmoid 归一化处理($\sigma(\bullet)$)得到第 $i(i \in C)$ 个通道 u_i 的特征重要性程度 $\sigma(\hat{z}_i)$,其中 $\hat{z}$ 的值为

$$\hat{z} = W_1(\delta(W_2 z)) \tag{5-2}$$

通过将得到的每个通道重要性程度 $\sigma(\hat{z}_i)$ 与输入特征图相乘,来增强网络对重要通道特征的学习,忽略不太重要的通道特征。

(2)sSE 模块原理与 cSE 模块相反,通过压缩特征图的通道特征信息,激励重要的空间特征信息来提高网络对重要空间特征的学习,其结构如图 5-4 所示。

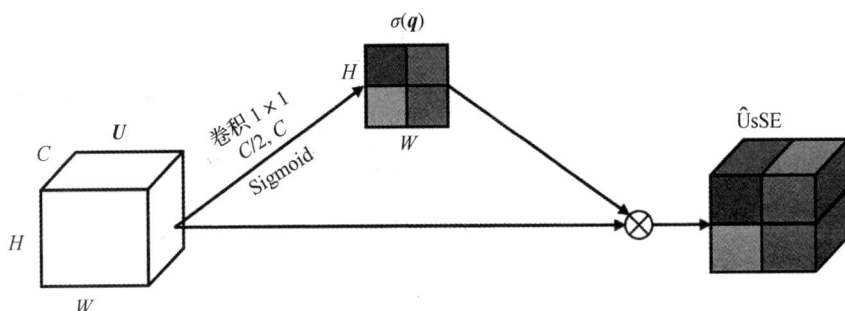

图 5-4　sSE 模块结构图

如图 5-4 所示,设输入特征图 $U=[u^{1,1},u^{2,2},\cdots,u^{i,j}..,u^{H,W}][u^{i,j} \in \mathbb{R}^{1 \times 1 \times C}$ 表示位置在特征图 (i,j) 的所有通道特征信息],通过通道数为 C,权重为 W_{sq} 的一个 1×1 卷积块对输入特征图进行通道压缩,输出通道数为 1,尺寸为 $H \times W$ 的特征图

$$q = W_{sq} * U \tag{5-3}$$

再将得到的特征图 q 经 Sigmod 归一化处理($\sigma(\bullet)$),得到特征图中每个空间位置 (i,j) 的空间信息重要性程度 $\sigma(q_{i,j})$,从而增强网络对重要空间的学习。

3)scSE 模块是 cSE 模块和 sSE 模块的并行组合,具体结构如图 5-5 所示。

通过对输入特征图 U 分别做通道和空间上重要性程度的增强,再将增强后的特征图进行相加处理,得到的具有高重要性(即同时具有重要通道特征和重要空间特征)的特征子图,促使网络学习更有意义的特征信息。

2.嵌入 scSE 注意力的改进 CSPDarknet 骨干网设计

目前,试验已证明嵌入 scSE 模块的 CNN 在语义分割任务中能够取得良好的性能提

升,但对于目标检测任务,scSE 注意力模块能否有效提升算法的检测性能,并且在具体情况下将 scSE 注意力模块嵌入至网络哪个位置更加有效,仍是有待考究的问题。

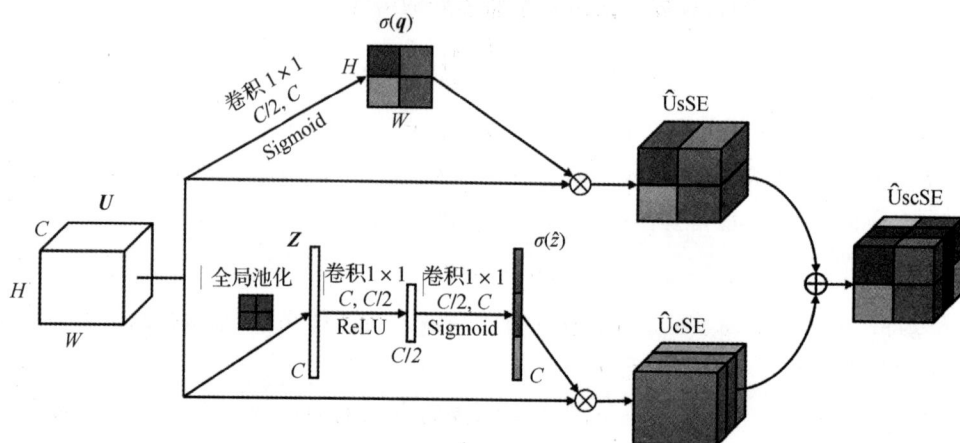

图 5－5　scSE 模块结构图

通过前期在 VEDAI 数据集[125]上的研究试验[126](试验中,分别将 scSE 注意力模块加入至 YOLOv4 的 Backbone、Neck、Head 区域的 Shortcut 和 Concat 特征融合层之后)(试验结果见图 5－6),我们发现,将 scSE 注意力模块嵌入到 YOLOv4 模型中骨干网 Backbone,能获得较颈部 Neck 和检测头 Head 中的最大的性能提升。

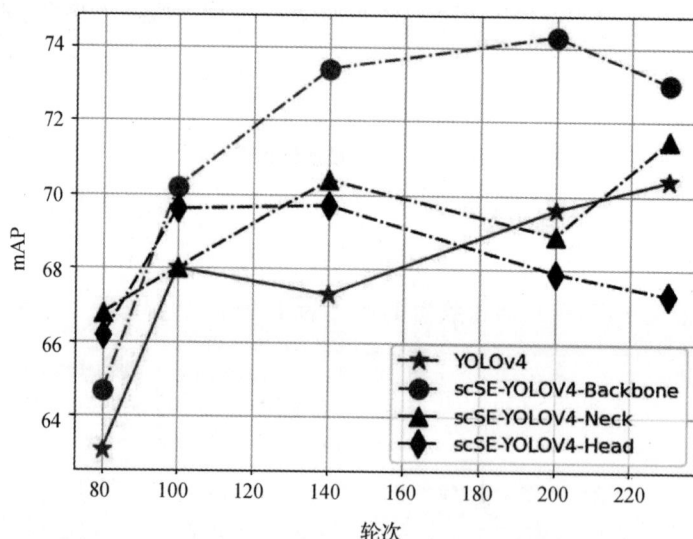

图 5－6　嵌入 scSE 模块的 YOLOv4 算法在 VEDAI 数据集上的性能对比图[88]

因此,本书在前期试验的基础上,进一步研究在复杂背景检测任务下,将 scSE 注意力模块嵌入至 YOLOv4 模型骨干网 Backbone 中不同的位置所带来的检测性能的差异,由此找到最佳的嵌入位置。

　　图 5-1 中,YOLOv4 模型的骨干网由 CSPBlock 模块堆叠而成,因此本书分别设计了 4 种嵌入 scSE 模块的 CSPBlock 模块,实现对骨干网 CSPDarknet 的优化,具体如图 5-7 所示。图中⊗表示特征图通道拼接 Concat,⊕表示特征元素相加 Shortcut,×n 表示模块堆叠的个数。

　　如图 5-7 所示,本书共探讨了将 scSE 注意力放入 CSPBlock 模块中 4 种不同位置时,YOLOv4 算法表现出的性能差异。

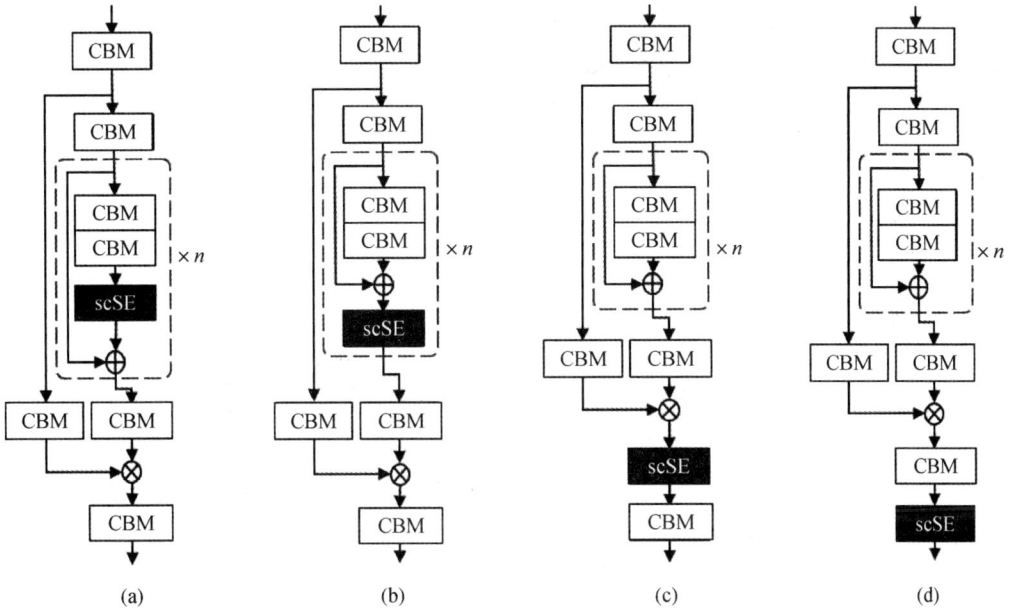

图 5-7　嵌入 scSE 模块的改进 CSPBlock 结构设计
(a)CSPBlock_A；　(b) CSPBlock_B；　(c) CSPBlock_C；　(d) CSPBlock_D

　　图 5-7(a) CSPBlock_A 结构参考论文[100]中嵌入 SE 模块的设计,本书将 scSE 模块嵌入至 CSPBlock 中每个 Residual 残差模块进行 Shortcut 特征融合之前;

　　图 5-7(b) CSPBlock_B 结构参考论文[127],本书将 scSE 模块嵌入至 CSPBlock 中每个 Residual 残差模块的 Shortcut 特征融合之后;

　　图 5-7(c) CSPBlock_C 结构参考前期试验[126]中的部分结构设计,本书将 scSE 模块嵌入至 CSPBlock 的 Concat 特征融合之后;

　　图 5-7(d) CSPBlock_D 结构参考论文[128],将 scSE 模块嵌入至整个 CSPBlock 模块后,并将通过 scSE 注意力模块增强后的特征图,作为下一层的 CSPBlock 的输入。

　　本书将对上述 4 种不同嵌入 scSE 注意力的改进骨干网设计在后续的消融试验中进行详细的性能对比分析。

5.3.2 基于改进 ASFF 的特征融合优化策略

1.ASFF 策略

自适应空间特征融合策略（Adaptively Spatial Feature Fusion，ASFF）是 2019 年提出的一种新颖的特征融合策略，作者为解决以 FPN 结构为代表的颈部 Neck 层输出至检测头 Head 层的特征图存在特征尺度信息冲突的问题，提出了 ASFF 策略。同时作者将 ASFF 策略使用到了 YOLOv3 检测算法上，提出 YOLOv3 - ASFF 算法，并在 MS COCO 数据集上表现出最强的综合性能，具体结果对比如图 5-8 所示。

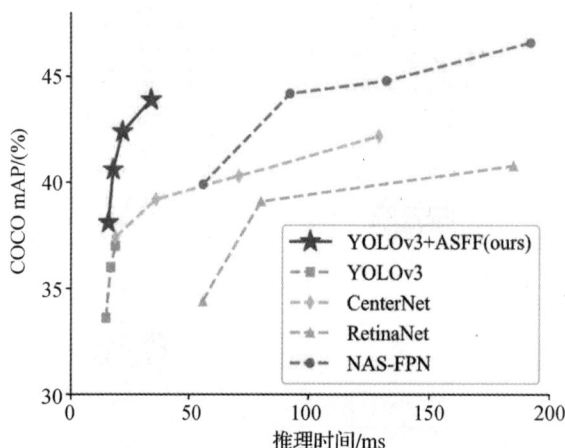

图 5-8　YOLOv3 - ASFF 算法与其他算法在 MS COCO 数据集上性能对比图

ASFF 特征融合策略通过自适应地调整各个比例尺度特征图融合的空间权重，学习不同尺度特征图之间的关联性，以改善输出 Neck 层的特征信息冲突问题，具体方法如图 5-9 所示。

ASFF 策略运用在检测网络 Neck 层和 Head 预测层之间，主要包括恒等缩放和自适应融合两个步骤。

（1）恒等缩放。恒等缩放的过程即是对特征图尺度和特征图的统一。如图 5-9 所示，以 ASFF-3 为例，ASFF-3 层需要对来自 level1、level2 和 level3 的特征图进行关联性的学习，因此需要将来自其他尺度（即 level1 和 level2）特征图的通道数和分辨率尺度大小通过卷积＋上采样的方式统一到 level3 上，图中 $X^{1\rightarrow3}$、$X^{2\rightarrow3}$ 即表示这过程。其他层也是以相同的方式将来自不同尺度的特征图统一到相同通道数和分辨率。

（2）自适应融合。为了让模型能自适应地调整不同尺度的特征图所做的贡献大小，ASFF 在对来自不同 level 的特征图进行特征融合时，在每个特征图中加入了权重系数，如图 5-9 中 ASFF-3 层中 α^3、β^3 和 γ^3 所示。

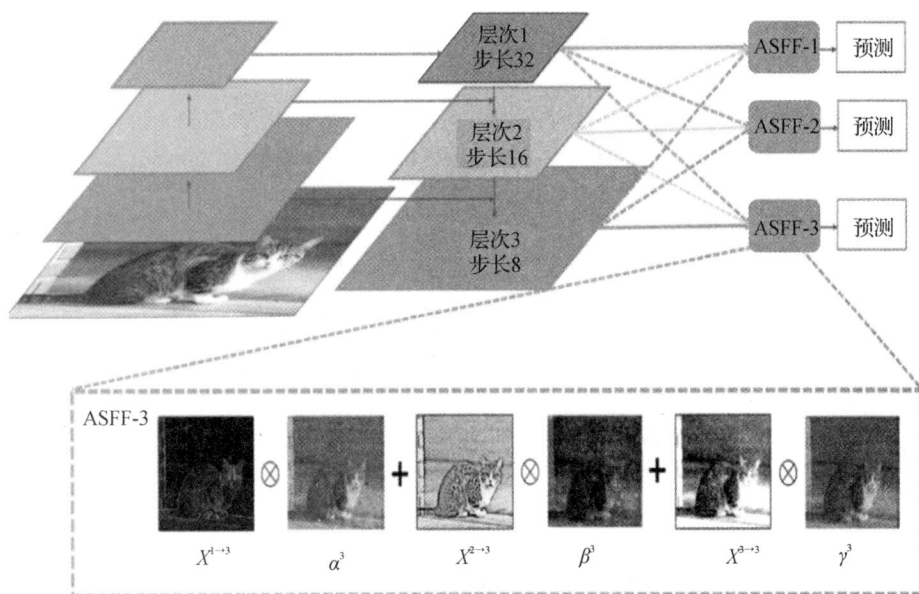

图 5 - 9　ASFF 特征融合策略

经过 ASFF 融合后的特征图表示为

$$y_{ij}^{l} = \alpha_{ij}^{l} \cdot x_{ij}^{1 \to l} + \beta_{ij}^{l} \cdot x_{ij}^{2 \to l} + \gamma_{ij}^{l} \cdot x_{ij}^{3 \to l} \tag{5-4}$$

式中：y_{ij}^{l} 表示输出为 level l 层特征图中位置为 (i,j) 的特征向量；$x_{ij}^{n \to l}$ 表示为第 n 层特征图通过恒等缩放到第 l 层后的特征映射位置在 (i,j) 的特征向量；α_{ij}^{l}、β_{ij}^{l}、γ_{ij}^{l} 表示 3 个不同 level 到 level l 层特征图的空间重要性权重，并通过下式由网络自己学习调整。

$$\alpha_{ij}^{l} = \frac{e^{\lambda_{\alpha_{ij}}^{l}}}{e^{\lambda_{\alpha_{ij}}^{l}} + e^{\lambda_{\beta_{ij}}^{l}} + e^{\lambda_{\gamma_{ij}}^{l}}} \tag{5-5}$$

$$\beta_{ij}^{l} = \frac{e^{\lambda_{\beta_{ij}}^{l}}}{e^{\lambda_{\alpha_{ij}}^{l}} + e^{\lambda_{\beta_{ij}}^{l}} + e^{\lambda_{\gamma_{ij}}^{l}}} \tag{5-6}$$

$$\gamma_{ij}^{l} = \frac{e^{\lambda_{\gamma_{ij}}^{l}}}{e^{\lambda_{\alpha_{ij}}^{l}} + e^{\lambda_{\beta_{ij}}^{l}} + e^{\lambda_{\gamma_{ij}}^{l}}} \tag{5-7}$$

式中：系数 λ 通过使用 1×1 的卷积层计算获得，通过 softmax 函数限制 $\alpha_{ij}^{l} + \beta_{ij}^{l} + \gamma_{ij}^{l} = 1$，且 $\alpha_{ij}^{l}, \beta_{ij}^{l}, \gamma_{ij}^{l} \in [0,1]$。

ASFF 具体的自适应融合过程如图 5 - 10 所示。

在图 5 - 10 中，经过恒等变换得到的不同 level 特征图 $X^{l'' \to l}$、$X^{l' \to l}$ 以及 X^{l} 先通过 1×1 大小的卷积层对通道数进行调整降维，即图中通道数 $C_1 \to C_2$，作者在试验中将 C_2 设为 8 通道，再通过 "©" 即 Concat 通道拼接的特征融合操作将 3 个 8 通道的特征图合并为 $H \times W \times 24$ 大小的张量，使用 1×1 的卷积层得到 $H \times W \times 3$ 的特征图 $\{\lambda_{\alpha_{ij}}^{l}, \lambda_{\beta_{ij}}^{l}, \lambda_{\gamma_{ij}}^{l} \mid i \in H, j \in W\}$，将特征图通过 softmax 函数进行归一化，得到代表空间重要性权重 $H \times W \times 3$ 大小的张量 $\{\alpha_{ij}^{l}, \beta_{ij}^{l}, \gamma_{ij}^{l} \mid i \in H, j \in W\}$，并将 3 张特征图中的系数与原特征图 $X^{l'' \to l}$、$X^{l' \to l}$ 和 X^{l} 对应位置 (i,j) 所在的整个通道相乘（即图中"$\otimes$"），最终

加权后的特征图通过元素相加的方式(即图中"⊕"),得到新的特征图。

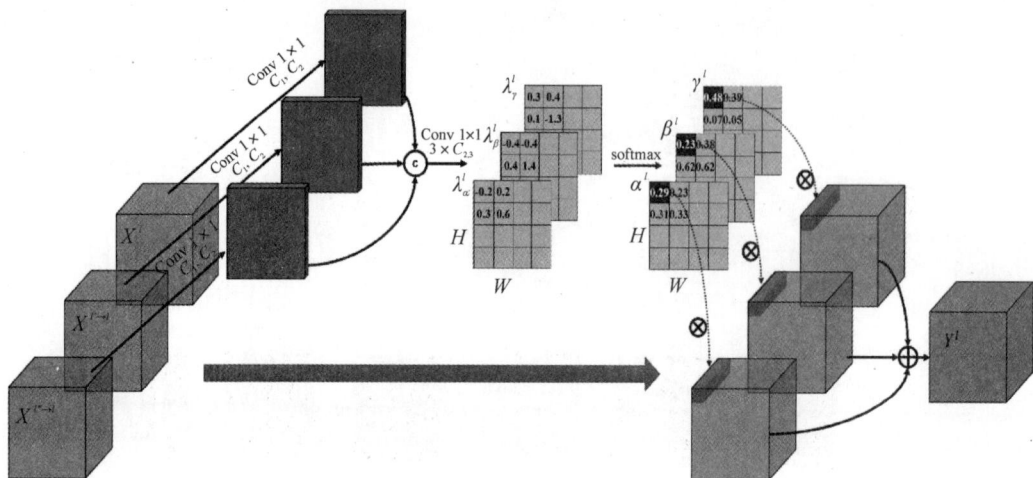

图 5-10 ASFF 自适应特征融合策略可视化

2.基于 ASFF 的改进单通道级自适应融合优化策略

上文对 ASFF 策略进行了详细的说明,尽管 ASFF 策略在 YOLOv3 算法上表现出更强大的性能,但在试验中我们依然发现 ASFF 存在优化的空间。如图 5-10 所示,ASFF 在进行自适应特征融合时,生成 3 张 $H \times W$ 大小的空间重要性权重系数矩阵,其中每一个系数都直接对原特征图对应位置的整个通道进行加权。但本书认为,不同 level 特征图的不同通道对 level l 所贡献的重要性程度并不一定相同,仅用一个重要性系数去加权整个通道的设计并不合理。因此,本书根据上述问题,计算特征图上 (i, j) 中每个通道的重要性程度,提出单通道级自适应融合策略(Single-Channel ASFF policy,SCASFF),并用于本书提出的 UCB-IYOLOv4 算法中,其中 SCASFF 具体实现过程如图 5-11 所示。

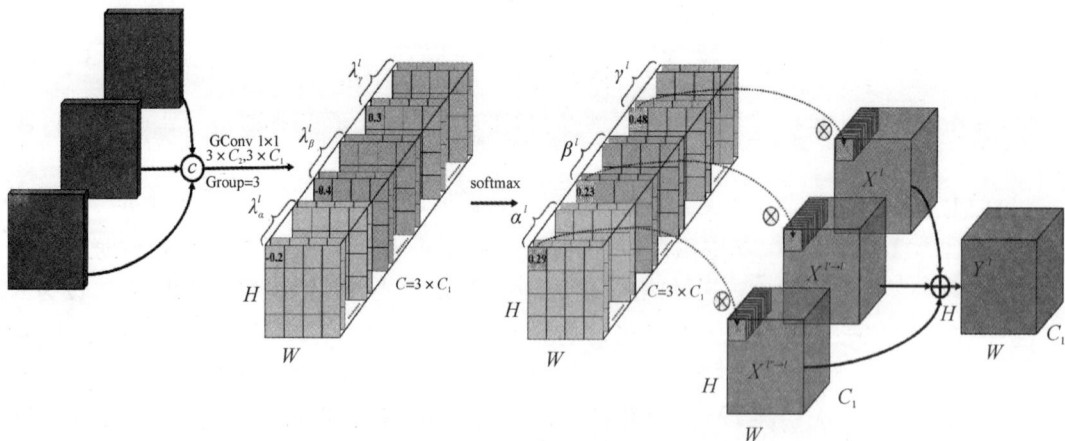

图 5-11 SCASFF 单通道级自适应融合优化策略部分结构可视化

基于 ASFF 的自适应融合过程，本书对经过 Concat 操作后获取 $\{\lambda_{\alpha_{ij}}^{l}, \lambda_{\beta_{ij}}^{l}, \lambda_{\gamma_{ij}}^{l} \mid i \in H, j \in W\}$ 和空间重要性程度权重 $\{\alpha_{ij}^{l}, \beta_{ij}^{l}, \gamma_{ij}^{l} \mid i \in H, j \in W\}$ 进行了改进。如图 5-11 所示，由于需要获取通道级的权重系数，因此需要对原算法中输出为 $H \times W \times 3$ 的张量进行通道数的扩维。本书对经过 Concat 操作后的特征图使用 group=3 的 GConv 分组卷积进行通道维度变换（即将通道数 $3 \times C_2$ 变为再提升到原特征图通道数 $3 \times C_1$）。这里使用分组卷积 GConv 的目的在于考虑到 3 个不同 level 之间特征图感受野有着巨大差异，直接使用 1×1 的卷积对 Concat 后的特征图进行卷积融合可能会导致特征信息的混乱，而使用 group=3 的 GConv 分组卷积能对来自 3 个不同 level 的特征图进行单独的卷积融合，避免上述中的问题。通过 GConv 卷积操作后输出 $H \times W \times 3C_1$ 大小的特征图 $\{\lambda_{\alpha_{ijc}}^{l}, \lambda_{\beta_{ij(C_1+c)}}^{l}, \lambda_{\gamma_{ij(2C_1+c)}}^{l} \mid i \in H, j \in W, c \in C_1\}$，并使用 softmax 函数进行归一化，获得通道级的空间重要性权重，其维度为 $H \times W \times 3C_1$ 大小的张量 $\{\alpha_{ijc}^{l}, \beta_{ij(C_1+c)}^{l}, \gamma_{ij(2C_1+c)}^{l} \mid i \in H, j \in W, c \in C_1\}$。其中 α_{ijc}^{l} 通过下式计算得到，$\beta_{ij(C_1+c)}^{l}$ 和 $\gamma_{ij(2C_1+c)}^{l}$ 的计算方式同理。

$$\alpha_{ijc}^{l} = \frac{e^{\lambda_{\alpha_{ijc}}^{l}}}{e^{\lambda_{\alpha_{ijc}}^{l}} + e^{\lambda_{\beta_{ij(C_1+c)}}^{l}} + e^{\lambda_{\gamma_{ij(2C_1+c)}}^{l}}} \tag{5-8}$$

最终将通道级的空间重要性程度权重 $\alpha_{ijc}^{l}, \beta_{ij(C_1+c)}^{l}, \gamma_{ij(2C_1+c)}^{l}$ 与经过恒等变换得到的 3 个不同 level 特征图 $X^{l''\to l}$、$X^{l'\to l}$ 以及 X^{l} 上对应位置 (i, j, c) 进行加权，再使用元素相加将 3 个特征图张量相加，最后得到特征融合后大小为 $H \times W \times C_1$ 的特征图 Y^{l} 在 (i, j, c) 位置参数表达式为

$$y_{ijc}^{l} = \alpha_{ijc}^{l} \cdot x_{ijc}^{1\to l} + \beta_{ij(C_1+c)}^{l} \cdot x_{ijc}^{2\to l} + \gamma_{ij(2C_1+c)}^{l} \cdot x_{ijc}^{3\to l} \tag{5-9}$$

5.3.3　专注难样本学习的损失函数设计

目标检测中对预测样本的定义包括正负样本和难易样本。其中，算法会事先人为设定一个区分正负样本的 IoU 交并比阈值，当预测的目标框与真实框 IoU 大于阈值时则被定义为正样本，反之定义为负样本；而难易样本在正负样本的基础上，将正样本中预测概率较高或负样本中预测概率较低的定义为简单样本，反之将正样本中预测概率较低或负样本中预测概率较高的定义为难样本。

前文分析中指出，YOLOv4 算法在复杂背景下的无人机目标检测任务中存在难易样本不平衡的问题。复杂背景下存在着较多特征不明显的目标或与目标特征类似的干扰物，但在复杂背景下简单样本依然占比大于难样本的占比，因此简单样本的损失主导着训练过程中的总损失，导致模型在训练过程中更加倾向于学习简单样本，忽略了对难样本的学习。因此，本节通过优化 YOLOv4 的损失函数，让模型在训练过程中更加关注对困难样本的学习，以改善算法误将目标判断为背景忽略。

本书使用基于深度学习目标检测框架 MMDetction[99] 构建的 YOLOv4 目标检测算法，其损失函数计算式为

$$\left.\begin{array}{l} \text{loss}_{\text{cls}} = W_{\text{cls}} \sum_{i}^{N_{\text{preds}}} 1_{\text{obj}} \text{BCE}(p_i, \hat{p}_i) \\[2ex] \text{loss}_{\text{conf}} = W_{\text{conf}} \sum_{i}^{N_{\text{preds}}} \text{BCE}(c_i, \hat{c}_i) \\[2ex] \text{loss}_{xy} = W_{xy} \sum_{i}^{N_{\text{preds}}} 1_{\text{obj}} [\text{BCE}(x_i, \hat{x}_i) + \text{BCE}(y_i, \hat{y}_i)] \\[2ex] \text{loss}_{wh} = W_{wh} \sum_{i}^{N_{\text{preds}}} 1_{\text{obj}} [(w_i - \hat{w}_i)^2 + (h_i - \hat{h}_i)^2] \\[2ex] \text{loss}_{\text{all}} = \text{loss}_{\text{cls}} + \text{loss}_{\text{conf}} + \text{loss}_{xy} + \text{loss}_{wh} \end{array}\right\} \qquad (5-10)$$

式中：YOLOv4 的总损失 loss_{all} 由类别损失 loss_{cls}、置信度损失 $\text{loss}_{\text{conf}}$、边框中心点损失 loss_{xy} 和边界框宽高损失 loss_{wh} 构成；W_{cls}、W_{conf}、W_{xy}、W_{wh} 分别代表不同损失在总损失的权重，在试验中默认 $W_{\text{cls}} = 1.0$、$W_{\text{conf}} = 1.0$、$W_{xy} = 1.0$、$W_{wh} = 2.0$；1_{obj} 表示为式（5-8），当以真实为目标时 1_{obj} 为 1，当真实为背景时为 0。

$$1_{\text{obj}} = \begin{cases} 0 &, \quad \text{background} \\ 1 &, \quad \text{not background} \end{cases} \qquad (5-11)$$

同时，p、c、x、y、w、h 分别表示预测的类别概率、置信度、边界框中心横纵坐标、边界框宽高，其中 p、c、x、y 值在$[0,1]$ 范围内，N_{preds} 表示算法输出预测总数，$\hat{\cdot}$ 表示真实值。边界框长宽损失 loss_{wh} 使用均方误差（Mean Square Error，MSE），类别损失 loss_{cls}、置信度损失 $\text{loss}_{\text{conf}}$ 和边框中心点损失 loss_{xy} 使用二值交叉熵损失（Binary Cross-Entropy，BCE）函数，计算方式为

$$\text{BCE}(x, \hat{x}) = -\hat{x}\log(x) - (1 - \hat{x})\log(1 - x) \qquad (5-12)$$

从式（5-10）和式（5-12）可得，在 YOLOv4 的 loss 函数中，置信度损失 $\text{loss}_{\text{conf}}$ 是对算法预测结果中有无目标概率的准确性进行优化。当算法预测当前位置存在目标的可能性较大时，置信度 c 值会趋于 1，反之 c 值会趋于 0。若当前位置不存在目标，而预测概率 c 值偏大，或当前位置存在目标，而预测概率 c 值偏小时，则为难样本。

为了使模型更加关注对困难样本的学习，本书借鉴 Focal loss[129] 损失函数的设计，对上式中置信度损失 $\text{loss}_{\text{conf}}$ 使用的 BCE 损失函数进行优化，加入难易样本学习权重 β，$\beta \in [0,1]$，其计算式为

$$\beta = \begin{cases} c^{\gamma} &, \quad \text{backgound} \\ (1 - c)^{\gamma} &, \quad \text{not backgound} \end{cases} \qquad (5-13)$$

式中：γ 为调节因子，γ 越大，简单样本顺势的贡献会越低。

根据式(5-10)～式(5-13),优化后的 $loss_{conf}$ 表示为

$$loss_{conf} = -(1-c)^\gamma \hat{c} \log(c) - c^\gamma (1-\hat{c}) \log(1-c) \qquad (5-14)$$

式(5-14)通过加入难易样本学习权重 β 实现模型对难易样本学习的优化。本书将调节因子 $\gamma=2$。由式(5-14)可得,当存在难样本时,即出现当前位置不存在目标而预测概率 c 值偏大时 $\hat{c}=0$,则 $loss_{conf} = -c^\gamma \log(c)$ 较大,或当前位置存在目标而预测概率 c 值偏小时 $\hat{c}=1$,则 $loss_{conf} = -(1-c^\gamma) \log(c)$ 较大;当存在简单样本时,即出现当前位置不存在目标并预测概率 c 值偏小时 $\hat{c}=0$,则 $loss_{conf} = -c^\gamma \log(c)$ 较小,或当前位置存在目标而预测概率 c 值偏大时 $\hat{c}=1$,则 $loss_{conf} = -(1-c^\gamma) \log(c)$ 较小。可见加入难易样本学习权重 β,能减小简单样本对损失的影响,增大难样本对损失值的贡献,让网络专注于难样本的学习。

本章提出 UCB-IYOLOv4 检测算法将在 YOLOv4 的基础上,将损失函数 loss 中置信度损失 $loss_{conf}$ 改为上述提出的专注难样本的损失函数设计,同时为了扩大正样本数,本书将定义负样本的 IoU 阈值由 0.5 下调至 0.3,使更多的预测框参与损失计算。

5.4　试验及结果分析

本节将对本书提出的 UCB-IYOLOv4 无人机目标检测算法通过消融试验证明算法优化的有效性,并通过横向试验与其他算法性能进行对比。试验数据集使用 ComplexUAV 数据集。试验环境、模型训练测试的参数以及模型评估指标均按照 3.2 节中 ComplexUAV 数据集基准试验的标准设置,详细参见 3.2 节。

由于本书以 YOLOv4 算法为基础进行改进,因此以 YOLOv4 算法在 ComplexUAV 测试集上的评估结果为本试验的基准试验 Baseline 数据,为保证检测的实时性,试验图像大小均设置为 416×416。

5.4.1　消融试验与结果分析

1.消融试验 A

为了探讨 scSE 注意力模块嵌入骨干网中最有效的位置,消融试验 A 主要对本章 5.3.1 节中参考前人研究[85,88-90]设计的 4 种嵌入 scSE 注意力模块的改进 CSPDarknet 骨干网设计,即 CSPDarknet_A、CSPDarknet_B、CSPDarknet_C 和 CSPDarknet_D 在 ComplexUAV 数据集上进行训练,并使用测试集进行性能评估对比。对比结果见表 5-2,表中加粗字体表示性能最高的结果。

表 5 - 2　scSE 注意力在 CSPDarknet 骨干网不同位置性能对比

方　法	骨干网	$AP_{50}/(\%)$	$AP_{75}/(\%)$	$APS_{50}/(\%)$	$APM_{50}/(\%)$	$APL_{50}/(\%)$
YOLOv4	CSPDarknet	78.7	47.2	75.2	83.8	72.6
	CSPDarknet_A	82.5	50.0	81.6	86.1	77.5
	CSPDarknet_B	78.4	44.1	76.1	82.3	75.8
	CSPDarknet_C	80.1	49.2	77.3	84.4	75.2
	CSPDarknet_D	84.2	48.9	82.6	87.5	81.1

通过表 5 - 2 的对比结果可知,在提出的 4 种设计中,除 CSPDarknet_B 的设计,即将 scSE 注意力模块嵌入至 CSPBlock 中每个 Residual 残差模块的 Shortcut 特征融合之后,会带来 0.3% 少量性能下降外,其余均能有效提升算法的检测性能。以此证明了嵌入 scSE 注意力机制的有效性。

其中,CSPDarknet_D 即将 scSE 模块嵌入至整个 CSPBlock 模块后,并将通过 scSE 注意力模块增强后的特征图作为下一层 CSPBlock 的输入地设计,使算法性能提升到最高。在 ComplexUAV 测试集上,较 YOLOv4 算法使用的 CSPDarknet 特征提取网络,使用 CSPDarknet_D 骨干网的 YOLOv4 算法 AP_{50} 值提升了 5.5%,小尺寸无人机目标上 AP_{S50} 提升了 7.4%,中等大小无人机目标上 AP_{M50} 提升了 3.7%,大尺寸无人机目标上 AP_{L50} 提升了 8.5%。

为了更加直观地展示 scSE 注意力模块嵌入至 CSPDarknet 骨干网所带来的具体效果,我们将上述试验中不同骨干网的 stage3、stage4 和 stage5 输出的特征图进行通道叠加,并对叠加后的特征图进行了可视化,同时也将对应的预测结果进行了可视化,具体如图 5 - 12 所示。

在图 5 - 12 中,特征图可视化结果清楚地展示了不同的 CSPDarknet 骨干网特征表达的情况。从图中可见,使用原 CSPDarknet 骨干时,网络容易在复杂背景下,将与无人机相似目标(例如图 5 - 12 中的"飞机"等)的特征也进行表达,导致在检测结果中同时将无人机目标与干扰目标判断为无人机,造成虚警。

图 5 - 12 中 CSPDarknet_A 和 CSPDarknet_D 两个改进骨干网络都有更好的目标特征表达能力,从 stage3、stage4 和 stage5 输出的特征图结果可见到,目标特征表达清晰,并正确抑制了"伪目标"特征的表达,在更深层的网络 stage4 和 stage5 中,提取的语义信息更加明确,而并非是杂乱无章的。而对应表 5 - 2 的结果,CSPDarknet_A 和 CSPDarknet_D 两种改进方式也是性能提升最大的,AP_{50} 分别达到了 82.5% 和 84.2%。

其中,CSPDarknet_D 的改进设计效果最好,AP_{50} 达到了 84.2%,因此本书以 CSPDarknet_D 改进的骨干网络设计作为 UCB - IYOLOv4 算法的特征提取网络,并在后续的试验中使用。

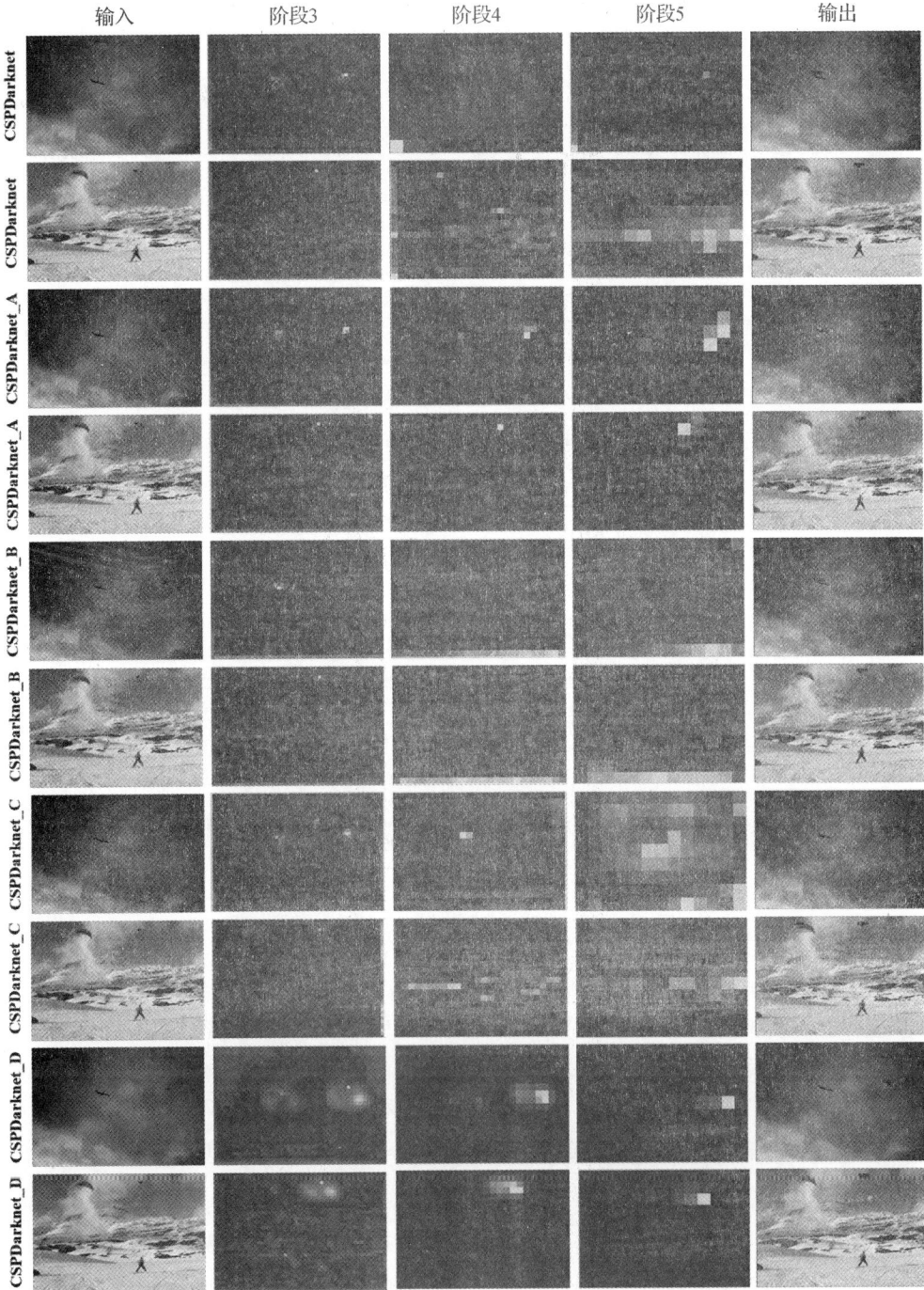

图 5 - 12　改进 CSPDarknet 骨干网输出特征图及对应检测结果可视化

2.消融试验 B

为探测 ASFF 策略在 YOLOv4 算法上的有效性,并且证明本书提出的 SCASFF 单通道级自适应融合策略的合理性以及较 ASFF 有更强的性能,本节将基于 YOLOv4 算法,开展消融试验,具体试验结果见表 5－3。

表 5－3　基于改进 ASFF 特征融合优化策略的消融试验结果

方　法		AP$_{50}$/(%)	AP$_{75}$/(%)	APS$_{50}$/(%)	APM$_{50}$/(%)	APL$_{50}$/(%)
YOLOv4	—	78.7	47.2	75.2	83.8	72.6
	ASFF	81.8	45.3	80.1	84.9	78.7
	SCASFF	83.5	53.3	81.4	86.0	81.0

为了更直观地对比不同算法之间的性能,本书绘制出 YOLOv4、YOLOv4－ASFF 以及 YOLOv4－SCASFF 算法在 ComplexUAV 测试集上的 P－R 曲线图,如图 5－13 所示。图中不同 P－R 曲线下的面积分别对应表 5－3 中 AP$_{50}$ 值。

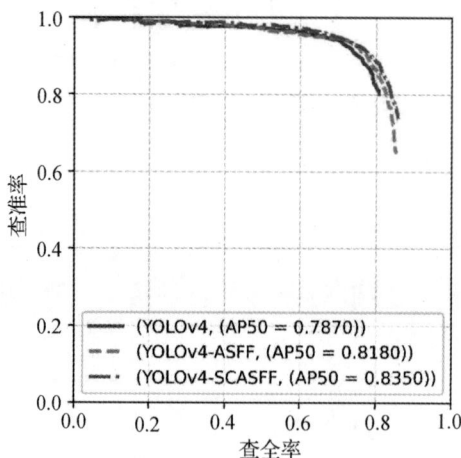

图 5－13　不同算法在 ComplexUAV 测试集上的 P－R 曲线对比图

从表 5－3 可见,按照 YOLOv3－ASFF 算法原理,将 ASFF 策略运用在 YOLOv4 检测算法上同样能带来性能的提升。从试验结果来看,YOLOv4－ASFF 算法能有效改善网络多尺度特征融合中信息冲突问题,在复杂场景下无人机目标检测任务上,能有效提升 YOLOv4 算法的性能,使用 ASFF 策略后,YOLOv4 在 ComplexUAV 测试集上 AP$_{50}$ 提升了 3.1%,同时算法在小目标、中等目标以及大目标无人机的检测上都有不同程度的提升。

同时,通过对 ASFF 特征融合策略优化,本书提出的单通道级特征融合优化策略 SCASFF 在复杂背景无人机检测上较 ASFF 表现出更强的性能。其中 AP$_{50}$ 较 YOLOv4 提升了 4.8%,较 YOLOv4－ASFF 提升了 1.7%,AP$_{75}$ 达到了 53.3%,并且针对不同尺寸无人机目标的检测都达到了最高的精度。

试验结果表明优化后的 SCASFF 策略在 ASFF 策略的基础上,不仅改善 Neck 层多尺度特征融合带来的信息冲突问题,同时对目标的空域位置能给出更准确的特征表达,使

YOLOv4 检测算法在预测定位上更加准确。

3. 消融试验 C

为了验证本章提出的用于复杂背景下无人机目标检测任务的 UCB－IYOLOv4 算法中优化模块的有效性,本小节在消融试验 A 和消融试验 B 的基础上,以 YOLOv4 为基础,使用增量的方式对比算法改进前后性能的变换。试验结果见表 5－4,在此对试验中不同算法名称含义作以说明:

(1) Y,代表 YOLOv4 原算法;

(2) Y_S,在(1)的基础上将 YOLOv4 使用的 CSPDarknet 骨干网换为消融试验 A 中的 CSPDarknet_D 骨干网;

(3)Y_S_S,在(2)的基础上加入本书提出的 SCASFF 单通道级特征融合策略;

(4) Y_S_S_L,代表 UCB－IYOLOv4 算法,即在(3) Y_S_S 的基础上,将 YOLOv4 算法使用的损失函数,换为 5.3.3 节中提出的专注难样本学习的损失函数 loss,并将正负样本阈值修改为 IoU＝0.3。

表 5－4 UCB－IYOLOv4 算法消融试验结果

	Method	AP_{50}/(%)	AP_{75}/(%)	APS_{50}/(%)	APM_{50}/(%)	APL_{50}/(%)
试验 1	Y	78.7	47.2	75.2	83.8	72.6
试验 2	Y_S	84.2	48.9	82.6	87.5	81.1
试验 3	Y_S_S	85.4	52.9	82.9	87.0	80.7
试验 4	Y_S_S_L	89.2	57.4	85.2	89.8	88.0

从表 5－4 的消融试验结果可知,本书使用的优化设计均能有效改善算法在复杂场景下无人机检测的性能,证明了优化设计的有效性。并且在试验 4 中使用专注难样本学习的损失函数很好地改善了算法的性能,AP_{50} 达到了 89.2% 的平均精度,达到了最高的检测性能。

通过上述试验证明,本书提出的 UCB－IYOLOv4 算法在 YOLOv4 算法的基础上,通过嵌入 scSE 注意力模块、使用 SCASFF 策略以及使用专注难样本学习的损失函数 loss,三种优化设计大幅度提升了 YOLOv4 在复杂背景下无人机目标检测任务中的性能,改善了复杂背景下无人机目标检测任务中面临的问题。

为更加直观地展示 UCB－IYOLOv4 算法在复杂背景下无人机目标检测任务中的性能,本书以图 5－2 中以 YOLOv4 算法在 ComplexUAV 测试集上部分结果的可视化为对比图,展示了使用 UCB－IYOLOv4 算法的检测结果,结果可视化图如图 5－14 所示。

从可视化结果可见,与 YOLOv4 算法相比,本书提出的 UCB－IYOLOv4 算法很好地改善了 YOLOv4 算法在复杂背景下无人机目标检测任务中存在的难题,算法在检测精度和 Bounding box 回归定位的准确性上都远高于 YOLOv4 检测算法。

图 5 - 14　UCB - IYOLOv4 算法在 ComplexUAV 测试集上部分结果可视化

5.4.2　横向对比试验与结果分析

由于 ComplexUAV 数据集基准试验已经对比了目前不同检测算法的检测结果,因此本节直接在 ComplexUAV 数据集基准试验基础上,加入本章提出的 UCB - IYOLOv4 算法在 ComplexUAV 数据集上的检测结果,具体结果见表 5 - 5。

表 5 - 5　横向对比试验对比结果

Method	Backbone	AP_{50} /（%）	AP_{75} /（%）	APS_{50} /（%）	APM_{50} /（%）	APL_{50} /（%）	FP - rate /（%）
Faster RCNN	Resnet50（FPN）	74.4	35.7	70.0	80.2	68.8	21.1
	Resnet101（FPN）	74.2	36.6	69.7	80.1	68.6	21.2
YOLOv3	Darknet53	74.6	26.6	74.5	82.4	62.2	18.7
YOLOv4	CSPDarknet53	78.1	47.2	75.2	83.8	72.6	18.4
YOLOv4 - Tiny	CSPDarknet53 - tiny	75.9	37.9	70.4	78.8	74.8	20.2
UCB - IYOLOv4	CSPDarknet_D	89.2	57.4	85.2	89.8	88.0	8.0

　　由表 5-5 的性能对比结果可见,本书提出的针对复杂背景下的 UCB-IYOLOv4 无人机目标检测算法在现有检测算法中表现出最高的检测精度 AP_{50} 达到 89.2%,同时误检率也是现有算法中最低,误检率仅为 8.0%。

　　通过对比可见,本章提出的 UCB-IYOLOv4 算法能很好地应对复杂背景下无人机目标检测任务上的难题,为解决复杂背景下无人机目标检测任务提供了更多的思路和方案。

5.5　本章小结

　　为解决现有目标检测算法在面向城市、山林等复杂背景下入侵无人机目标检测任务中存在的高虚警率和低检测精度的问题,本章以现有目标检测器 YOLOv4 算法为基础,通过分析 YOLOv4 算法在复杂背景下无人机目标检测任务中表现出来的实际问题,提出用于复杂场景下无人机目标检测的 UCB-IYOLOv4 检测算法。UCB-IYOLOv4 检测算法针对 YOLOv4 算法存在的问题进行了针对性的优化。首先,针对算法难以区分"伪目标"干扰物和目标的问题,引入 scSE 注意力机制,并通过试验研究找到在骨干网 CSPDarkent 中嵌入 scSE 注意力模块的最佳位置,即将 scSE 模块嵌入至整个 CSPBlock 模块后并将通过 scSE 模块增强后的特征图作为下一层 CSPBlock 输入的设计,以强化骨干网对"伪目标"干扰物和目标特征的区分能力;其次,参考 YOLOv3-ASFF 算法,在 YOLOv4 算法中加入 ASFF 策略,并在 ASFF 特征融合策略基础上进行优化,提出单通道级的特征融合策略 SCASFF,改善了算法在 Neck 层输出特征图中的信息冲突问题,同时加强网络对目标空域信息的表达;最后,针对算法难、易样本不平衡的问题,对 YOLOv4 算法的置信度损失 $loss_{conf}$ 进行了优化,通过引入难、易样本学习权重使网络专注于难样本学习。最终通过上述改进,所提出的 UCB-IYOLOv4 检测算法能较好地解决复杂背景下无人机目标检测任务,在现有算法中表现出更佳的检测精度和更低的虚警率,为面向复杂背景下无人机目标检测任务提供更多的解决思路和方法。

第6章　红外多尺度无人机目标检测算法研究

红外探测具有隐蔽性强、成本低廉和全天候作业等优势,目前广泛应用于智能监控、精确制导等领域。但由于红外无人机目标检测中的可用特征较少,且待检测无人机目标通常从各个方位以不同尺度出现,给红外多尺度无人机目标检测带来较大困难。本章首先概述现阶段多尺度目标检测中存在的问题,在此基础上提出了基于单级感受野增强的红外无人机目标检测算法,并在第2章构建的红外多尺度无人机数据集上进行训练和测试,最后通过模型细节上的微调实现对所提算法的进一步优化。

6.1　概　　述

随着红外成像设备的发展,红外探测凭借其隐蔽性强、成本低廉和全天候作业等优势,在智能监控、精确制导等多个领域得到了广泛应用。由于红外图像不具备颜色和纹理等外观信息,目标检测中的可用特征少,待检测的无人机目标可能从各个方位以不同尺度出现,因此研究适用于复杂背景下的红外多尺度无人机目标检测具有重要意义。

目前,针对多尺度目标的检测算法,大多采用特征金字塔对多层特征图进行融合,生成新的包含多尺度目标信息的特征图。在现阶段研究中,常规多尺度目标检测算法改进的思路是通过优化多尺度特征融合方式和分治策略来提升多尺度目标检测性能。这一主流做法忽略了特征金字塔本身由多次采样、卷积和相加运算组成,涉及参数众多、运算量较大,且多层特征金字塔输出为多个特征图,在目标预测时需要多个检测头,在不同层级的特征图上检测目标,这无疑又增加了模型计算复杂度,与算法轻量化设计理念不符,尤其是不适用于实时性要求较高的应用场景。此外,特征金字塔中将跨尺度特征图直接进行融合的操作,在一定程度上影响了特征图的表达能力。

6.2　基于单级感受野增强的红外多尺度目标检测算法设计

本节使用 MobileNet V2 作为骨干网络,采用4倍下采样特征图作为特征提取网络的输出,设计了单级感受野增强模块,为浅层特征图填充多尺度感受野信息,结合损失函数和样本选择策略,提出了一种基于单级感受野增强的红外多尺度目标检测算法(SRFE)。红外多尺度目标检测网络结构如图 6-1 所示。

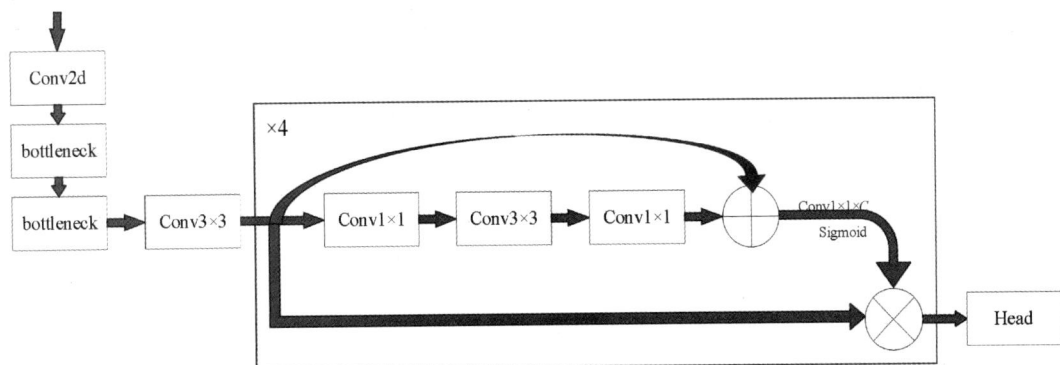

图 6-1　红外多尺度目标检测网络结构图

　　该算法以优化的 MobileNet V2 网络进行特征提取,仅使用原来 MobileNet V2 的前三层,即一个 Conv2d 和前两组 bottleneck。数据集中输入图片大小为 $256^2 \times 3$,特征提取阶段输出为 $64^2 \times 12$ 的 4 倍下采样特征图,并在进入单级感受野增强模块之前先通过 3×3 卷积完成上下文语义信息的细化。然后串联 4 个扩张率分别为 2、4、6 和 8 的感受野增强模块,赋予特征图不同大小的感受野,从而增加特征感受野匹配的尺度范围,使网络能够捕获多尺度的上下文信息,具备多尺度目标检测的能力。下面从骨干网络设计、单级感受野增强模块设计、训练样本选择方法及损失函数设计等方面对该网络的主体结构进行介绍。

6.2.1　基于 MobileNet V2 的轻量级骨干网设计

　　尽管卷积核下采样的存在降低了模型复杂度,但早期的卷积神经网络,如 AlexNet[130]、ResNet[131]、DenseNet[132] 等均以 3×3 及更大的卷积核为主,参数量和计算量巨大,使用这些卷积神经网络进行特征提取的检测算法普遍训练时间较长,且对设备要求高。轻量化网络凭借节省计算资源、缩短模型训练时间和提升算法检测速度等显著优势,在目标检测任务得到广泛应用。SqueezeNet[133] 作为最早期的轻量级模型设计之一,使用大量 1×1 的卷积核代替 3×3 卷积从而实现计算量的大幅减少;MobileNet 系列[134-135] 提出深度可分离卷积、倒置残差的模块;ShuffleNet 系列在前人提出理论的基础上,用 Concat 替换 Add 操作,设计了新的轻量化网络模型;GhostNet[136] 通过设定一系列廉价的线性运算操作来代替部分卷积计算,以此来产生更多的特征图。

　　为尽可能减少模型运算量,提高算法检测速度,改善 Darknet-53 特征提取网络带来大量参数的问题,节省计算资源,本书使用 MobileNet V2 骨干网络进行优化。MobileNet 系列网络的主要思想是采用深度可分离卷积来减少运算量及参数量。深度可分离卷积将标准卷积拆分为深度卷积和逐点卷积,首先使用单通道卷积核对每个输入通道进行卷积,然后使用多通道的 1×1 卷积核将每个通道的卷积结果进行线性组合,构建新的特征。MobileNet

V2 的核心模块是具有线性激活的倒残差结构,如图 6-2 所示。

图 6-2(a)为普通残差结构,图 6-2(b)为倒残差结构。普通的残差结构先使用 1×1 卷积进行降维,减少通道数,再使用 3×3 卷积核进行卷积处理,最后通过 1×1 卷积扩充通道数实现升维。对于倒残差结构,首先在 3×3 卷积之前使用 1×1 卷积和 ReLU6 激活函数,对通道数进行扩张,使网络能够获得更多特征,并在 1×1 卷积进行通道降维后,用 Linear 激活函数代替非线性的 ReLU6 激活函数,防止滤除有用信息对特征造成破坏。

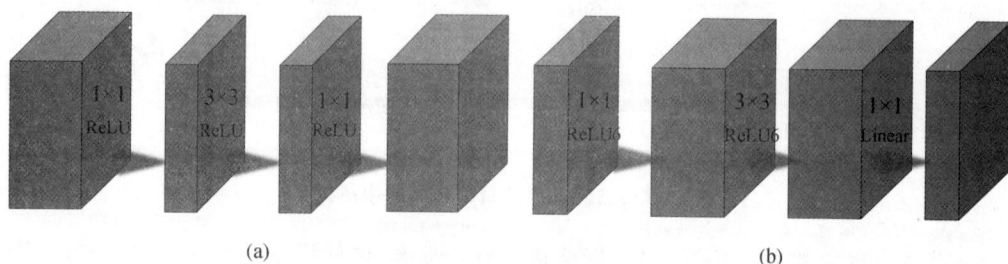

(a)　　　　　　　　　　　　(b)

图 6-2　倒残差结构

(a)普通残差结构;　(b)倒残差结构

MobileNet V2 网络结构见表 6-1,t 代表扩展因子,即 1×1 卷积升维倍率,c 代表输出通道数,n 代表 bottleneck 的重复次数,这里的 s 代表的是每个 block(多个 bottleneck 组成)第一层 bottleneck 的步距,其他都是为 1。

表 6-1　MobileNet V2 网络结构

输入尺寸	操　作	t	c	n	s
2 242×3	Conv2d	—	32	1	2
1 122×32	bottleneck	1	16	1	1
1 122×16	bottleneck	6	24	2	2
562×24	bottleneck	6	32	3	2
282×32	bottleneck	6	64	4	2
142×64	bottleneck	6	96	3	1
142×96	bottleneck	6	160	3	2
72×160	bottleneck	6	320	1	1
72×320	Conv2d 1×1	—	1 280	1	1
72×1 280	Avgpool 7×7	—	—	1	—
1×1×1 280	Conv2d 1×1	—	k	—	

在 MobileNet V2 中通常采用 8、16、32 倍下采样特征图对多尺度目标进行检测,而本节算法中仅选取单级特征图作为后续感受野增强模块的输入,采用浅层特征图能够保留更多的细节信息。因此,使用 MobileNet V2 作为骨干网络,选用 4 倍下采样特征可以更充分地保留目标位置信息,保证小目标的检测能力。

6.2.2　单级感受野增强模块设计

1.设计思路

考虑到多层特征融合不可避免地会使检测网络变得复杂,带来内存负担,并降低检测器的速度,我们思考能否用单级特征图完成多尺度目标检测任务。Chen 等[137]指出特征感受野匹配的尺度范围限制了算法对跨尺度目标的检测性能,因此我们需要找到一种能够使单级特征图感受野得到增强的优化方法,同时保证算法模型的简单、准确和快速。

2.设计原理

在单级感受野增强模块设计中,主要涉及感受野、空洞卷积和空间注意力机制三个概念,本小节在简要介绍概念的基础上,从理论层面重点分析了采用此方法模块的优势所在。

在卷积网络中,每个单元由一个输入区域决定,这个区域就是该单元的感受野[138]。感受野用来表示网络内部某神经元在原图像中的感受范围,在视觉任务中,感受野的大小是一个至关重要的问题。在输入图像中任何感受野以外的像素都不影响该单位的值,只有当输出能够响应图像中足够大的区域并确保它覆盖整个相关的图像区域时,大物体的信息才能被捕捉。感受野计算公式为

$$\mathrm{RF}_i = (\mathrm{RF}_{i+1} - 1) \times \mathrm{stride}_i + \mathrm{Ksize}_i \tag{6-1}$$

式中:RF_i 为第 i 层感受野大小;RF_{i+1} 为第 $i+1$ 层感受野大小;stride_i 和 Ksize_i 为卷积步长和卷积核大小。增加感受野的大小主要有三种方法:一是通过堆叠更多的层加深网络结构,每增加一层,相当于增加了一个内核大小的感受野。另一方面,下采样能够成倍地增加感受野的大小[139]。此外,用空洞卷积取代普通卷积使单位像素包含距离中心像素更远的信息,赋予单位像素更多的全局信息,在一定程度上扩大了感受野。

在红外多尺度目标图像中,由于目标尺度变化范围大,采用不同感受野的多级特征图对不同尺度目标进行检测。单一特征图的固定感受野只能匹配一定尺度范围的目标,当目标尺度和感受野不匹配时,检测效果会很差。空洞卷积可以在扩大感受野的同时保证分辨率,让每个卷积输出都覆盖比普通卷积更大范围的特征,如图 6-3 所示。

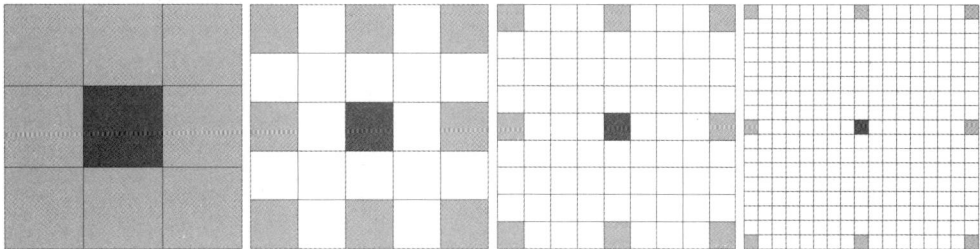

图 6-3　空洞卷积感受野

图 6-3 中一个格子代表一个像素(每个像素大小相同),分别为 3×3 普通卷积,空洞率为 2、4、8 的空洞卷积,可以看出空洞卷积的加入,使单一像素的卷积输出不仅仅局限于邻近像素,还受更远距离的像素影响,即包含更大范围信息,且空洞率越大,卷积输出包含信息的

范围越大,因此空洞卷积在大物体检测和语义分割方面具有明显优势。但由于空洞卷积的稀疏性,远距离卷积得到的信息之间通常没有相关性,容易造成局部信息丢失,对中小目标的检测很不友好。在后续研究中,我们发现将感受野扩张前后特征图各通道上的像素分别进行相加,能够更好地克服这一问题。以空洞率为2的空洞卷积为例,图 6 - 4(a)(b)分别表示有、无扩张感受野融合的感受野示意图。

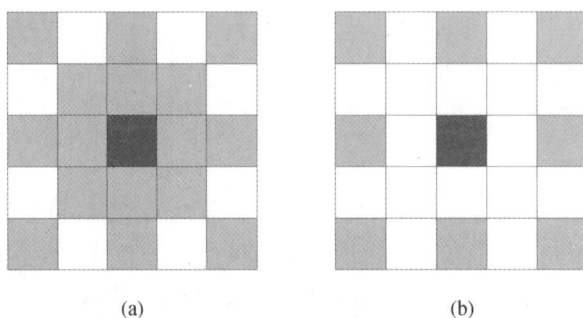

(a)   (b)

图 6 - 4　感受野示意图

(a)扩张感受野融合；　(b)无扩张感受野融合

与图 6 - 4(b)相比,图 6 - 4(a)中感受野覆盖区域面积扩大了一倍,且保证了相邻两区域中至少有一块区域位于感受野范围内,感受野分布更加密集。由此可见,扩张感受野融合后的特征具备原输入的像素信息和更大范围内的感受野信息,相邻像素点间的相关性得到增强,能够有效缓解空洞卷积棋盘效应造成局部信息丢失的问题。

注意力机制通常被看作一种资源分配机制,在没有使用注意力机制之前,计算资源在通道和空间上是均匀分布的,然而这样的设计并不高效。对于红外目标检测图像来说,大部分像素都是相似的,待检测的目标只存在于很小的区域内,这样平均的资源分布,不仅造成了计算资源的浪费,还可能影响目标区域的识别效果。

因此,在单级感受野模块设计中,结合空间注意力机制的思想,根据网络中不同空间位置的重要性,重新分配网络计算资源,使网络在训练过程中更聚焦重要信息,抑制或忽略不重要的信息[140]。空间注意力机制如图 6 - 5[141]所示。

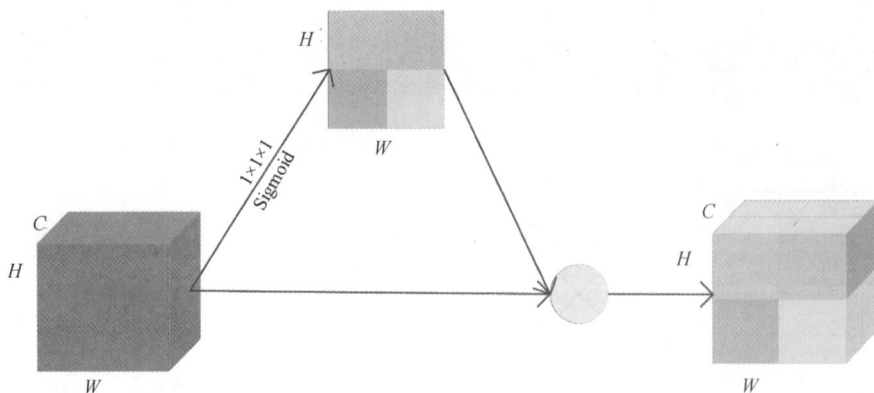

图 6 - 5　空间注意力机制

如图 6-5 所示,首先使用一个通道数为 C 的 1×1 卷积核进行卷积,然后通过 Sigmoid 函数激活,得到大小为 $W \times H \times 1$ 的特征,且数值在 $0 \sim 1$ 范围内,并以此数值作为空间注意力权重参数,与输入 $W \times H \times C$ 的特征相乘,得到注意力机制优化后的输出特征。

3. 单级感受野增强模块

基于上述设计思路和原理,我们设计的单级感受野增强模块主要由扩张感受野融合和自适应滤波两个部分组成,如图 6-6 所示。

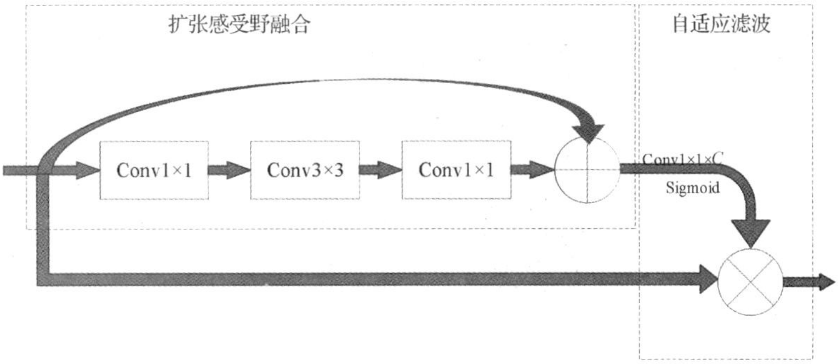

图 6-6 单级感受野增强模块

在图 6-6 中,首先,在扩张感受野融合阶段,把特征提取网络的输出特征 F 输入到 1×1 卷积经过维度变换,经过 3×3 空洞卷积扩大感受野,再通过 1×1 卷积恢复输入维度得到特征 F'。特征通过膨胀卷积,覆盖尺度范围得到一定程度的扩大,相当于原来覆盖的尺度乘上一个大于 1 的因子,感受野发生了偏移和扩大,但仍然不能覆盖所有的目标尺度。所以我们对 F 和 F' 各通道上像素值进行相加,使原始尺度范围和放大的尺度范围通过添加相应的特征相结合,得到一个包含多个接收域的输出特征 F_1,覆盖该范围内所有的目标尺度。随后,F_1 进入自适应滤波阶段,如图 6-7 所示:经过一个通道数为 C 的 1×1 卷积,将 $W \times H \times C$ 的三维特征压缩为 $W \times H$ 的二维特征,再用 Sigmoid 函数激活,将其像素值调整在 $0 \sim 1$ 范围内,得到 F_2。此时 F_2 可以看作一个既包含扩张感受野信息,又整合了各个通道间信息的强大滤波器,将输入特征 F 通过滤波器,得到基于感受野增强的输出特征 Fout。

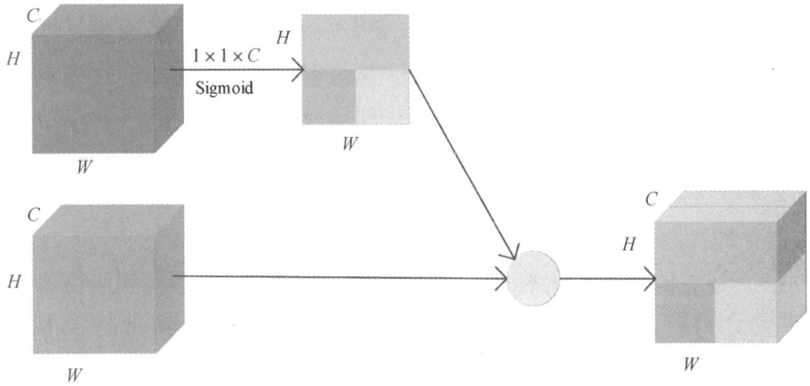

图 6-7 自适应滤波阶段示意图

6.2.3 训练样本选择方法及损失函数设计

在目标预测阶段,考虑到单级特征图上稀疏的锚框生成策略造成正样本不均衡的问题,导致训练中存在大量简单负样本产生的梯度回传,影响困难样本分类的准确性。文章在参考 RetinaNet[142] 和 Fcos[143] 正样本确定方法的基础上,采用一种自适应训练样本选择方法,如图 6 - 8 所示。

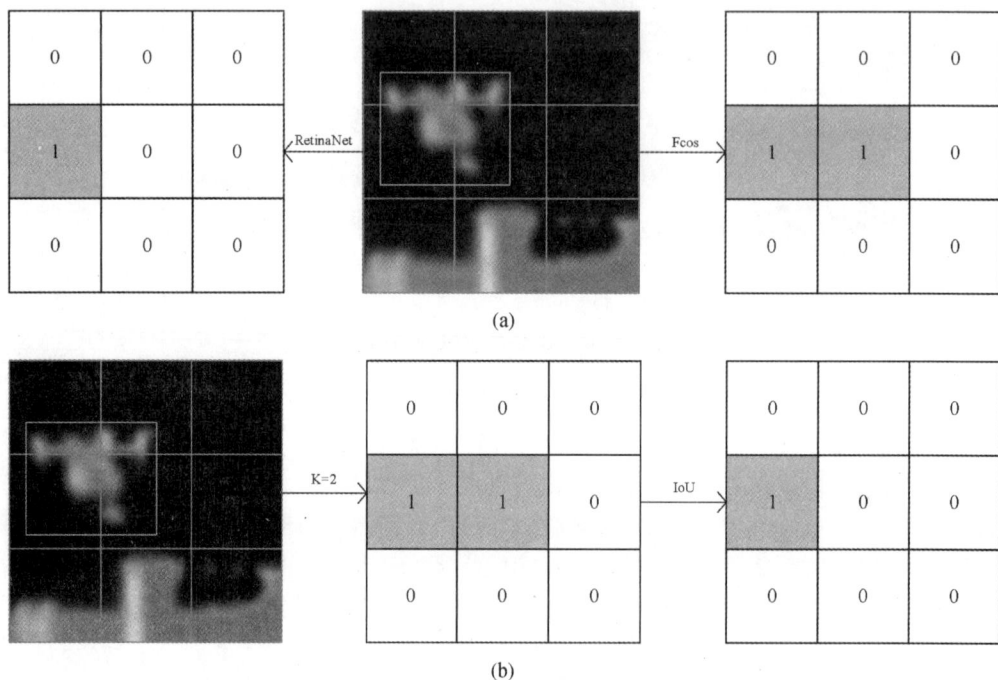

图 6 - 8 训练样本选择方法

(a)RetinaNet 和 Fcos 采样方式; (b)自适应训练样本选择方法

如图 6 - 8 所示,RetinaNet 通过计算先验框与标注框之间的 IoU,并与设定的阈值进行比较来确定正样本,如果大于设定的正样本阈值,则视为正样本;如果小于负样本阈值,则视为负样本,其余为忽略样本。Fcos 将先验框位置映射回原图进行比对,即先验框中心点落在标注框内视为正样本,否则为负样本。

本书采用的自适应训练样本选择方法,结合了前面两种方法的优势:在筛选候选正样本时采用了 Fcos 中心点距离相近的原则,在最后确定正样本时参考了 RetinaNet 中基于先验框和标注框 IoU 的方案。首先计算先验框中心点和标注框中心点的距离,然后选取中心点距离目标中心点最近的 k 个先验框为候选正样本,在确定 IoU 阈值时,综合均值和方差进行阈值设置:考虑候选正样本 IoU 的均值可以反应其整体质量,候选正样本 IoU 的方差可以反应当前特征层的选择是否合适。如图 6 - 8(b)所示,自适应训练样本选择方法根据中心点相近原则选择了两个先验框作为候选正样本,在确定正样本时保留了 IoU 大于均值的一个作为正样本。虽然从这个例子上看自适应训练样本选择的方法和 RetinaNet 得到了一样的结果,但对于更大的目标来说(先验框包含于标注框的情况),RetinaNet 计算出的 IoU 很小,会出现大量漏检,而自适应训练样本选择的方法依据中心点距离相近的原则筛选出候选正样本,并通过方差调整特征层的选择,使网络仍具备准确寻找到正样本的能力。

此外,为进一步提高网络对目标的定位能力,利用 GIoU 损失函数设计网络回归损失函数。与经典 IoU 损失相比,GIoU 加入了包含检测框和真实框的最小矩形框,解决了检测框和真实框无重叠时,损失函数梯度为 0 的问题。GIoU Loss 可以表示为

$$\mathrm{GIoULoss} = 1 - \frac{|A \cap B|}{|A \cup B|} + \frac{|C - (A \cap B)|}{|C|} \tag{6-2}$$

同时,在目标置信度回归时采用 Focal Loss 函数,使网络对困难样本的分类能力得到增强。

$$L_{fl} = -\alpha_t (1 - P_t)^{\gamma} \log(P_t) \tag{6-3}$$

$$\alpha_t = \begin{cases} \alpha, & y = 1 \\ 1 - \alpha, & y = 0 \end{cases} \tag{6-4}$$

$$P_t = \begin{cases} P, & y = 1 \\ 1 - P, & y = 0 \end{cases} \tag{6-5}$$

式中:P 表示预测目标的置信度;y 表示指定的类别;α 和 γ 分别设定为 0.25 和 2。此外,我们采用"centerness"分支对低质量的检测边框进行抑制,进一步提升检测性能。

6.3　试验与结果分析

6.3.1 检测结果与可视化

算法在红外多尺度无人机数据集上的检测结果见表 6-2,其中 YOLOv3、YOLOv4 和 Faster_rcnn 分别是一阶段和两阶段目标检测的经典算法,并且 YOLOv3 设有专门的多尺度融合用于多尺度目标的检测,YOLOv3SPP 是 YOLOv3 的优化算法,YOLOv5、YOLOX 和 YOLOv7 是 YOLO 系列算法的最新成果,RSX 是我们针对红外弱小目标提出的检测算法。

由表 6-2 可以看出,基于单级感受野增强的红外多尺度目标检测算法 SRFE 取得了 89.5% 的 mAP 值,与 Faster_rcnn 相比,参数量减小到了 1/20,mAP 值提升了 8.2%;与 YOLOv3 相比,mAP 值提升了 1.4%;与 YOLOv4 相比,mAP 值提升了 2.51%。由于采用了轻量级骨干网络,删掉了 8 倍、16 倍和 32 倍下采样特征图,检测速度较 YOLOv3 和 YOLOv4 分别有了 22 FPS 和 21 FPS 的提升,说明本书算法在检测精度和速度上均优于经典目标检测算法。与 YOLOv3 的优化算法 YOLOv3SPP 相比,mAP 值提升了 0.9 个百分点,参数量和浮点运算量大幅下降。我们提出的算法在感受野增强模块中经过多次逐像素相加、相乘,故与 YOLOX_s 相比浮点运算量有所增加,但参数量不足 YOLOX_s 的 1/4,且 mAP 值有 8.4% 的提升;与 YOLO 系列中的轻量级算法 YOLOv5_s 相比模型计算量有所

增加,模型参数量减少,检测速度相近,检测精度提升了 2.6%;与 YOLOv7 相比在检测精度、速度和模型参数量上均有明显改进,说明 SRFE 算法在检测精度和速度上超越了目前多数主流目标检测算法。此外,本节还将第 4 章提出的 RSX 红外弱小目标算法在多尺度数据集上进行了训练和测试,结果表明 SRFE 算法在多尺度无人机目标的检测中表现出更好的性能。

表 6-2 检测结果

方　法	mAP/(%)	帧/s	运算量/G	参数量/M
YOLOv3	88.10%	74	12.41 G	61.52 M
YOLOv3SPP	88.60	71	12.57	64.15
YOLOv4	86.99	75	11.30	63.9
YOLOv5_s	86.90	98	1.31	7.02
YOLOv7	86.14	81	8.38	36.49
YOLOX_s	81.10	84	2.13	8.94
Faster_rcnn	81.30	49	26.24	41.12
RSX	88.90	74	1.59	7.32
Ours(128)	89.50	96	7.59	2.11

图 6-9 分别显示了 YOLOv3、Faster_rcnn、YOLOX_s 和我们提出的方法在红外多尺度无人机数据集中随机抽取的 3 张图像上的可视化检测结果。

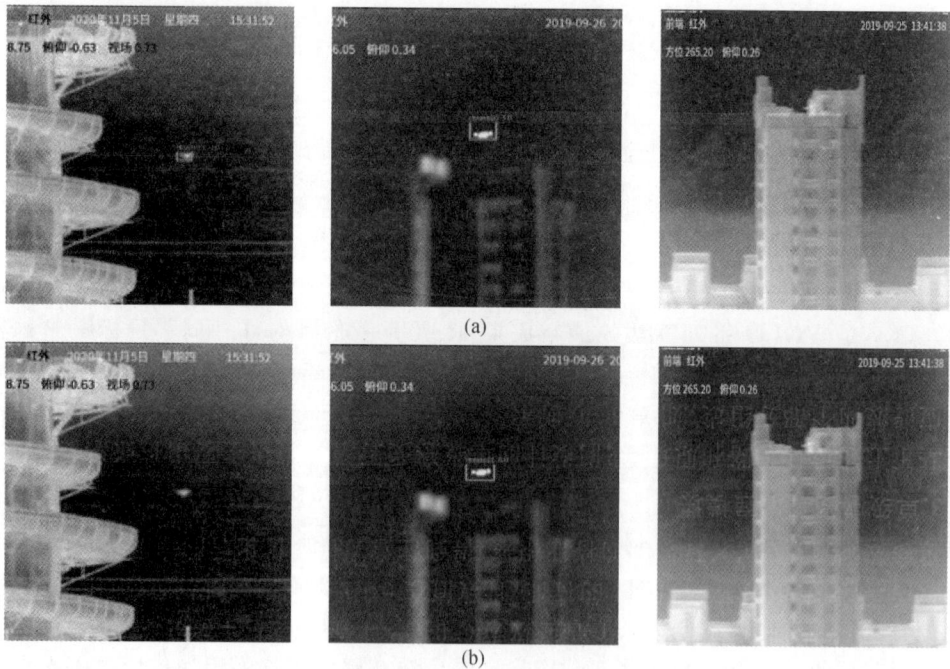

(a)

(b)

图 6-9 检测结果可视化

(a) YOLOv3 检测结果；　(b)Faster_rcnn 检测结果

(c)

(d)

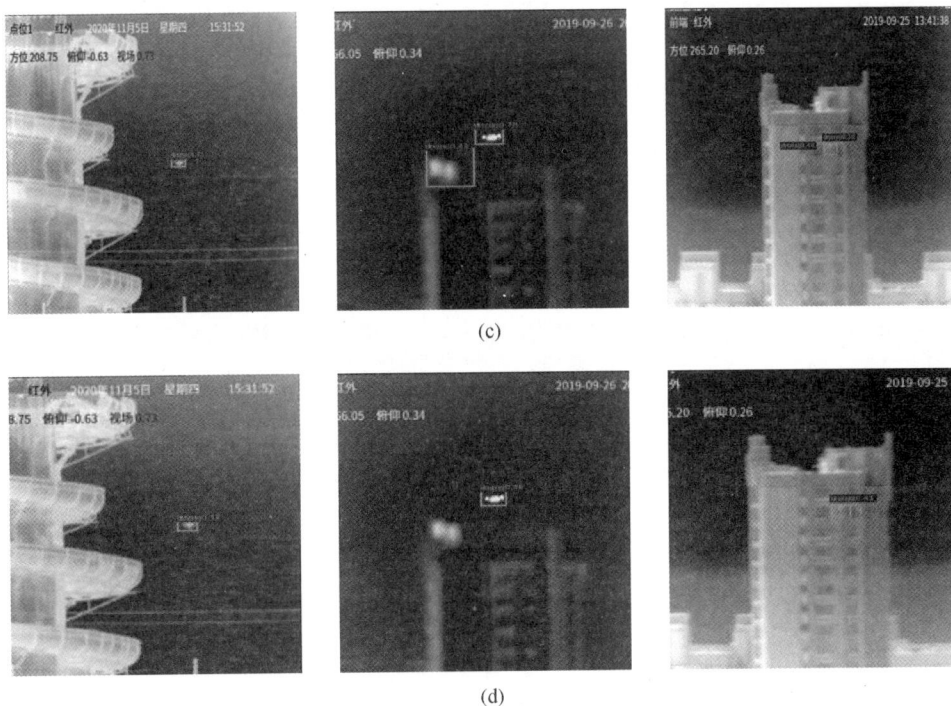

续图 6 - 9　检测结果可视化

（c）YOLOX_s 检测结果；　（d）SRFE 检测结果

由图 6 - 9 可以看出，YOLOv3 在检测中，会出现框出的目标明显大于真实目标的情况，且在复杂背景目标的检测中存在漏检的问题；Faster_rcnn 在对以海面为背景的图像进行检测时，难以检测出真实目标；YOLOX_s 在检测中将模糊的电线杆误认为目标，在检测中经常出现虚警现象；相比之下本章所提出的 SRFE 发生漏检、错检的情况明显少于其他三种算法，在识别准确率和定位精度方面均有提升，能够有效地检测出复杂场景下的多尺度目标。

为进一步直观展示本章提出的单级感受野增强模块对多尺度目标检测的贡献，将红外多尺度目标检测网络在单级感受野增强前后的特征图可视化，如图 6 - 10 所示。其中，图 6 - 10(a) 为未经感受野增强的可视化特征图，图 6 - 10(b) 为经过感受野增强的可视化特征图。

由图 6 - 10 可以看出，经过单级感受野增强的特征图有效抑制了背景杂波，红外多尺度目标响应更强，目标更加清晰。这是由于感受野增强后单级特征图经过扩张感受野融合、自适应滤波，捕获多尺度上下文信息的同时区域间相关性得到加强，网络更加聚焦于目标区域，从而更有利于红外多尺度目标的检测。

(a)

(b)

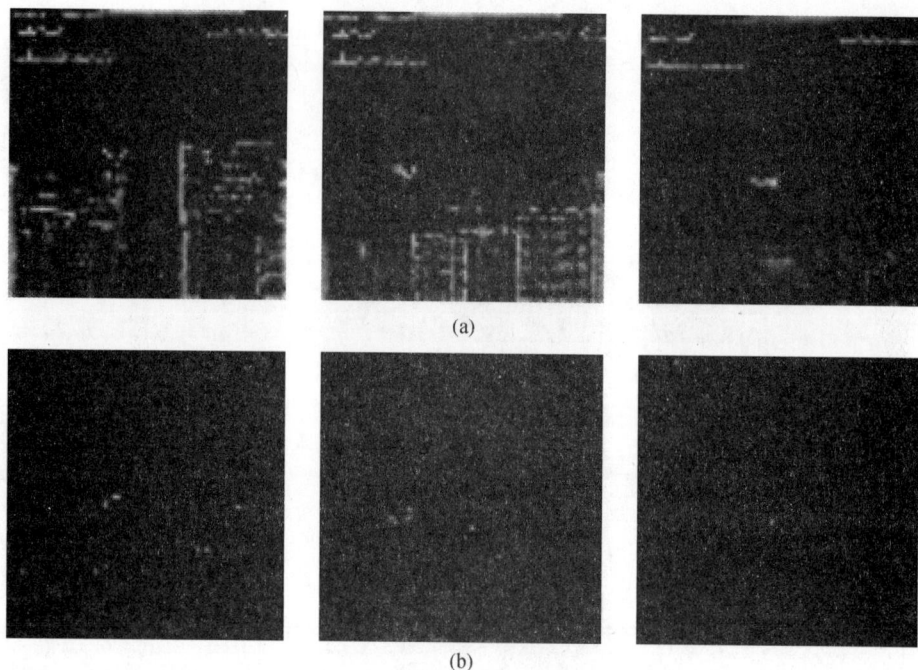

图 6 - 10　特征图可视化

(a)未经感受野增强的特征图可视化；　(b)经过感受野增强的特征图可视化

6.3.2　模型结构优化分析

在 6.2 节基于单级感受野增强的红外多尺度无人机目标检测算法设计的基础上，本小节尝试针对单级感受野增强模块进行优化试验。试验共设 6 组，具体设置说明如下：

试验 1(Baseline)：为 6.2 节构建的基于单级感受野增强的红外多尺度目标检测网络，以简化的 MobileNet V2 为特征提取网络，采用单级感受野增强模块，且模块内部通道数为 128。

试验 2(Experiment 2)：在试验 1 的基础上，将单级感受野增强模块内部的通道数调整为 64。

试验 3(Experiment 3)：在试验 2 的基础上，去掉自适应滤波，即扩张感受野融合后的特征 F_1 直接作为一次感受野增强的输出，如图 6 - 11 所示。

试验 4(Experiment 4)：在试验 3 的基础上，在完成 4 次感受野增强后进行 1 次自适应滤波，如图 6 - 12 所示。

试验 5(Experiment 5)：在试验 3 的基础上，用 4 层特征融合代替单层特征作为单级感受野增强模块的输入，如图 6 - 13 所示。

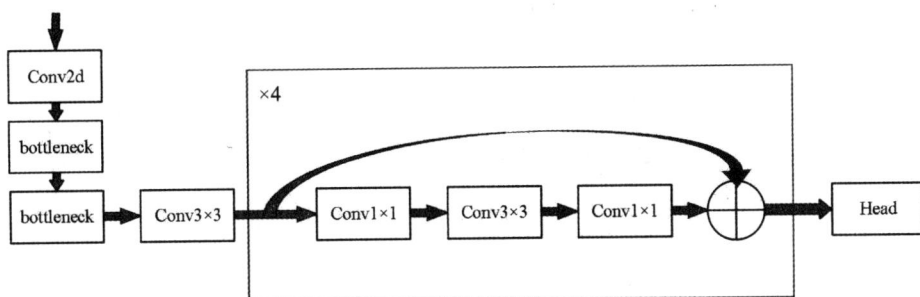

图 6-11 试验 3 模型结构

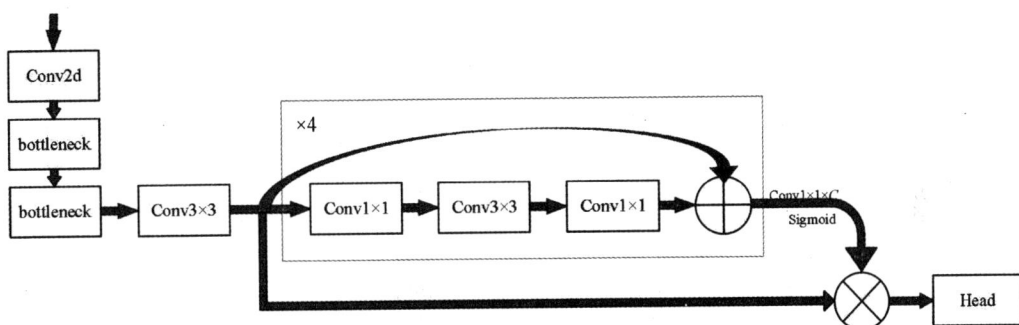

图 6-12 试验 4 模型结构

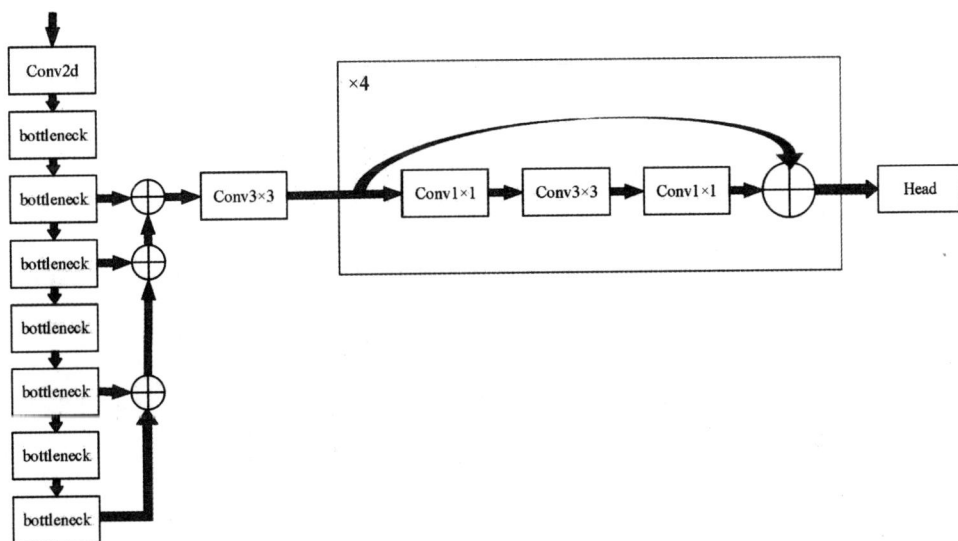

图 6-13 试验 5 模型结构

试验 6(Experiment 6):在试验 5 的基础上,去掉单级感受野增强模块,如图 6-14 所示。

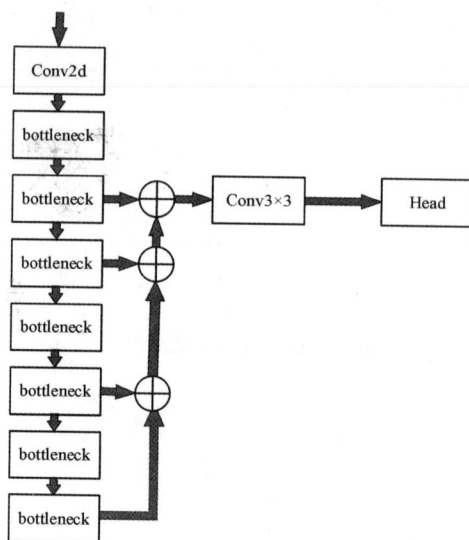

图 6-14 试验 6 模型结构

将以上 6 组网络设计按照试验设定的方法训练 100 轮次并在数据集上进行测试,检测结果见表 6-3。

表 6-3 优化试验结果

方　法	mAP/(%)	帧/s	运算量/G	参数量/M
基线	89.50	96	7.59	2.11
试验 2	89.60	105	5.63	1.60
试验 3	89.00	105	5.62	1.60
试验 4	88.90	105	5.62	1.60
试验 5	89.20	92	9.35	5.35
试验 6	88.10	99	6.56	4.63

对比试验 2 和 Baseline,可以发现将单级感受野增强模块内部通道数由 128 调整为 64 后,不仅减小了计算量和参数量,提升了检测速度,检测精度不但没有下降,反而有微小提升。其主要原因是输入感受野增强模块的浅层特征图通道数本就小于 64,再增加内部通道数实质上并没有扩充特征图所包含的信息,因此 128 通道与 64 通道相比,多出的 64 通道从某种意义上来说是冗余的。对比试验 2 和试验 3,发现通过自适应空间滤波,AP 值较 Baseline 提高了 0.6%,网络参数量、浮点运算量基本不变,检测速度仍保持在 105 FPS,说明在单级感受野增强模块中加入自适应空间滤波,将融合后的感受野通道信息进行整合,对原始输入浅层特征进行增强,能够提升模型多尺度目标检测性能。结合试验 4,发现在每一次特征增强后进行自适应滤波的效果是最好的,这样可以保证增强后特征的及时更新,能够更好地发挥单级感受野增强模块的作用。

从试验 3、试验 5 和试验 6 中可以看出,试验 3 与试验 5 相比检测精度十分接近,但试验 3 设计的方法参数量计算量更小,检测速度更快,由此说明单级感受野增强模块在一定程度上可以替代多级特征融合,进而实现网络模型的压缩;对比试验 5 和试验 6,发现除去了单级感受野增强模块后,检测精度出现了大幅下降,从侧面说明单级感受野增强模块对于多尺度目标检测是有效的。此外,我们还调整了输入单级感受野增强模块的特征进行试验,但发现不论是使用 2 倍下采样特征图或是 8 倍下采样特征图代替 4 倍下采样特征图,均不能很好地检测出多尺度目标,其主要原因是 2 倍下采样特征语义信息不足,存在干扰较多,8 倍下采样信息再经过 4 次感受野增强,造成小目标丢失,从而影响多尺度检测性能。

因此,在优化试验结束后,单级感受野增强模块的有效性得到了验证,同时我们也发现了当模块内部通道数为 64 时,算法性能达到最佳,检测精度为 89.60%,检测速度达到 105 帧/s。最终优化完成的基于单级感受野增强的红外多尺度目标检测算法(SRFE)的 $P-R$ 曲线如图 6-15 所示。

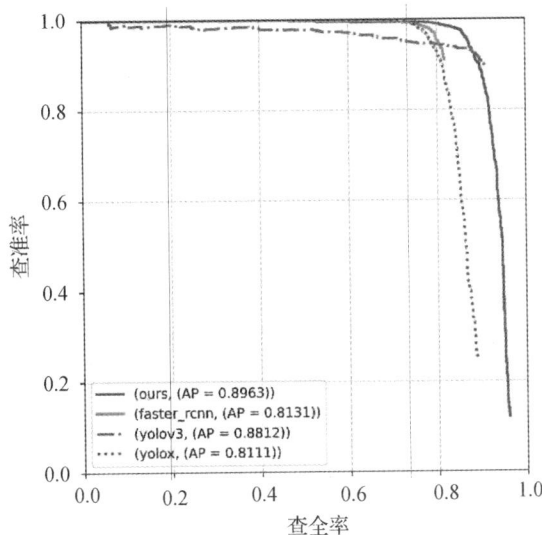

图 6-15 $P-R$ 曲线

6.4 本 章 小 结

本章采用 MobileNet V2 的 4 倍下采样特征图,结合空洞卷积和空间注意力机制,设计了 4 个串联的扩张率分别为 2、4、6 和 8 的感受野增强模块,采用 GIoU Loss 和 Focal Loss 分别作为回归损失函数和置信度损失函数,并通过自适应训练样本选择实现正负样本的均衡,提出了一种基于单级感受野增强的红外多尺度目标检测网络(SRFE)。在此基础上进行模型结构优化分析,最终得到模型大小仅 1.6 M、浮点运算量仅 5.63 GFLOPs 的轻量级检测算法。在构建的红外多尺度无人机数据集上,检测网络取得了 89.60% 的 AP 值,检测速度达到 105 FPS。试验结果表明,提出了基于单级感受野增强的检测算法对红外多尺度无人机目标具有较好的检测效果。

第7章 红外弱小无人机目标检测算法研究

YOLO系列最新算法在弱小目标场景中存在漏检率高和鲁棒性较差的问题。针对上述问题,本章选取基准试验中检测精度较高且模型大小适中的YOLOv3算法进行改进,首先分析了YOLOv3在红外弱小目标检测中存在的问题,针对性地设计了语义融合特征金字塔,并在此基础上提出了基于语义融合特征金字塔的红外弱小无人机目标检测算法,最后在构建的红外弱小目标数据集中开展横向对比试验和消融试验。试验结果表明,改进算法模型实时性和准确度显著提升。

7.1 概　　述

近年来,红外探测技术凭借其全天候无源探测的独特优势,在军事、民用等各个领域得到了广泛运用。红外弱小目标具有目标信噪比低、像素少等特点,检测时难以获得纹理信息,且成像距离较远,成像质量差,且常处于复杂背景环境下,使红外弱小目标检测成为目标检测领域一个非常具有挑战性的问题。

由第3章红外弱小无人机数据集的基准试验结果可以看出在常规数据集上拥有高检测性能的YOLO系列最新算法YOLOv5_s、YOLOX_s和YOLOv7等在红外弱小目标检测中效果并不理想。对于这些算法而言,其CNN是为大中型目标设计的,经过两次下采样后3×3小锚框在特征图上消失,导致弱小目标位置信息缺失,无法实现目标的准确定位。目前大多数目标检测网络具有过大的下采样率、过大的感受野,使小目标在特征图中易出现目标丢失、细节分割不清的现象。再加上目前算法在深层与浅层特征图的语义性和空间性上没有做到很好的均衡,导致算法在弱小目标场景中存在漏检率高和鲁棒性较差的问题。

7.2 YOLOv3算法

7.2.1 算法模型结构与检测流程

YOLOv3是2018年Joseph Redmon等人提出的一种端到端的目标检测算法,该算法分为特征提取、特征融合以及目标预测三个阶段。与经典的YOLOv2相比,YOLOv3在

Darknet-19 的基础上,借鉴了 ResNet 的残差结构,使用跳跃连接缓解深层网络中出现的梯度消失问题,形成 Darknet-53 特征提取网络;在特征融合阶段,采用 FPN 特征金字塔进行加强特征提取,在提取多特征图的基础上,将不同大小的特征图进行融合,在尺度较大的特征图上检测小目标,在尺度较小的特征图上检测较大目标,对小目标检测的效果有了明显提升;采用全卷积结构,通过 3×3 和 1×1 卷积进行特征整合和通道数调整,完成目标预测,最终形成"Darknet53+FPN+YOLOHead"的模型结构,如图 7-1 所示。

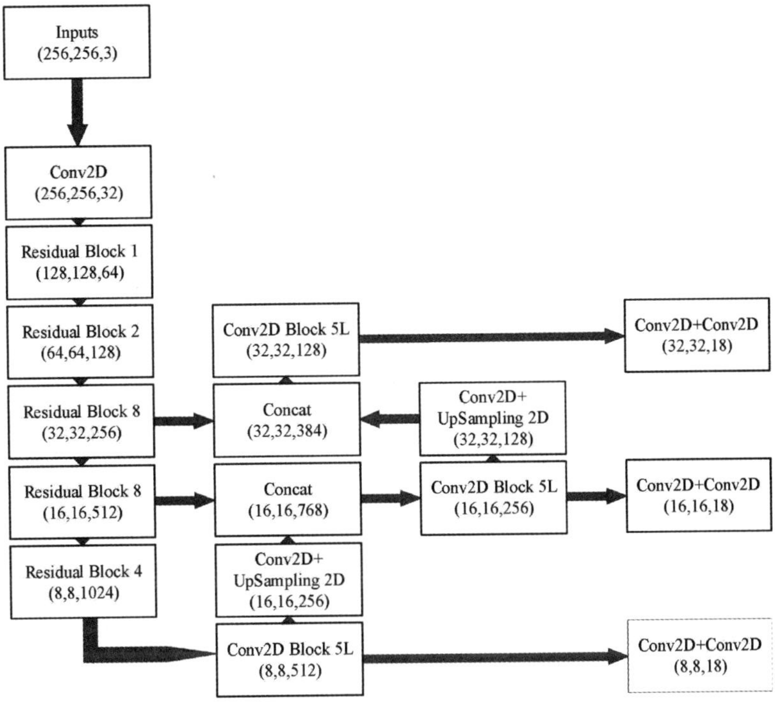

图 7-1　YOLOv3 网络结构

如图 7-1 所示,首先在输入端调整图像尺寸为 256×256,利用多个卷积模块和残差模块组成的 Darknet-53 特征提取网络得到 8 倍、16 倍和 32 倍下采样特征图。在网络颈部采用特征金字塔网络(FPN)进行浅层空间特征与高层语义特征的融合,32 倍下采样特征经过卷积生成小尺寸特征图,中间尺寸特征图由上采样后的 32 倍特征与输出的 16 倍特征Concat 后生成,大尺寸特征图则由 16 倍和 8 倍特征融合生成。

现有的大部分特征融合模块都重用了以前各层相同规模的特征,FPN 是目前目标检测任务中使用最广泛、最典型的特征融合网络[144]。FPN(feature pyramid networks)是 Tsung-Yi Lin 等人[145] 提出的一种多尺度特征融合目标检测网络。在此之前多数目标检测算法只用顶层特征做检测,忽视了底层特征丰富的位置信息,有些算法注意到了这一点,开始有意识地将底层特征和顶层特征进行融合,用融合后的特征进行检测。但不同尺度的特征之间存在差异,直接用融合后的特征进行检测造成部分信息损失,因此,FPN 采用各层特征独立进行检测的设计来解决这一问题,其结构如图 7-2。

特征提取网络输出不同尺寸和通道数的特征图,经过 1×1 卷积进行通道维度统一,再将顶层特征图进行多次上采样,实现自上而下的特征融合,最后对融合后的特征进行 3×3 卷积,改善上采样带来的混叠效应,得到输出特征图。在检测阶段将 3 个不同尺度特征图分别划分为不同大小的栅格图,对边界框的 4 个偏移量、目标置信度和类别进行预测,产生多个预测框,最后通过非极大值抑制和交并比计算,得到预测结果。

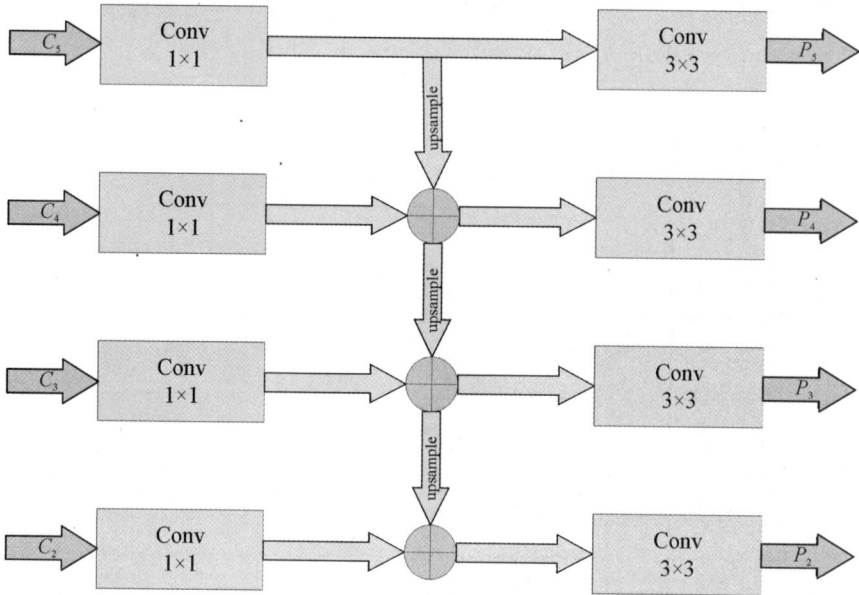

图 7 - 2　FPN 结构图

7.2.2　YOLOv3 算法在红外弱小目标检测任务中存在问题分析

YOLOv3 作为 YOLO 系列的经典算法,在多数场景下检测性能强大,但在红外弱小无人机目标检测任务中,YOLOv3 算法存在以下三点有待改进之处:

(1)检测精度受先验框设计制约。

YOLOv3 作为一种 Anchor - based 检测算法,在训练前需要根据目标尺寸大小,采用以 K - means 为代表的聚类算法进行先验框优化设计[146]。尤其是对于红外弱小目标的检测,若不进行优化,仅采用默认设置,会导致大量目标漏检,严重影响检测效果。同样,在实际场景中待检测目标大小未知的情况下,由于先验框不匹配的问题,算法检测结果往往达不到试验中的精度。

(2)特征融合方式对弱小目标不友好。

FPN 中将顶层特征图进行上采样并与前一层特征图直接相加的特征融合方式,会造成多尺度特征图表达能力减弱。此外,对弱小目标而言,浅层特征含有丰富的位置和细节信息,但由于红外成像受大气热稳定性影响较大,导致红外弱小目标的浅层特征图中夹杂着大量的"伪目标特征",从而影响目标检测性能。

(3)模型较大,对应用场景设备要求高。

尽管 YOLOv3 作为单阶段检测算法与 Faster - RCNN 等两阶段目标检测算法相比,模型在参数量和运算量上都有所降低,训练和检测耗时均有一定程度上的减少,但该算法适用于配置较高的计算平台,在一般应用场景中配置的 PC 端上,还远没有达到实时检测的标准。因此,模型压缩和小型化是一条必经之路。

7.3　基于语义融合特征金字塔的红外弱小目标检测算法

在本节中,我们针对 YOLOv3 在红外弱小无人机目标检测中存在的问题进行改进,提出了基于语义融合特征金字塔的红外弱小目标检测算法(RSX)。该算法整体流程如图 7 - 3 所示。

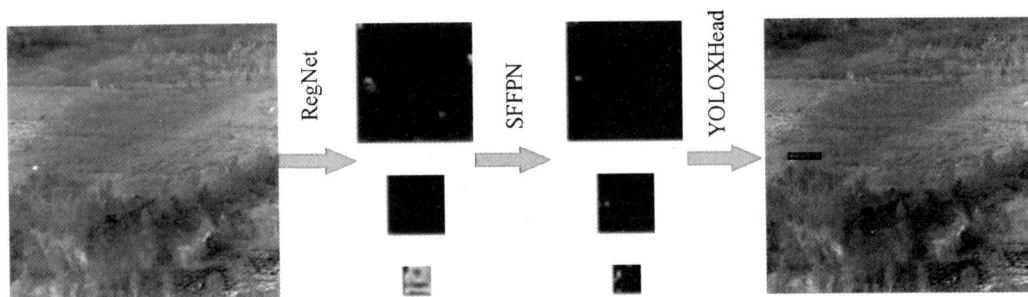

图 7 - 3　RSX 算法整体流程

RSX 算法以改进的 RegNet 作为骨干网络,对红外弱小目标特征进行提取,并将各层提取的特征输入语义融合特征金字塔(Semantic Fusion Feature Pyramid Network,SFFPN),完成特征增强和自适应融合,采用 YOLOXHead 进行预测。

7.3.1　RegNet - scSE 特征提取网络

特征提取是目标检测的第一阶段,特征提取网络在分类任务中起着至关重要的作用,特征提取网络占据了目标检测算法的绝大多数参数和计算量,特征提取的效果直接决定了目标能否被正确检测。因此,为设计出高效的特征提取方法,研究者们开展了大量工作。

RegNet 是通过设计空间设计形成的由简单规则网络组成的低维设计空间[147],良好的 RegNet 模型适用于广泛的计算环境,对于低计算环境具有较好适应性。RegNet 结构如图 7 - 4 所示。

如图 7 - 4(a)所示,每个 RegNet 网络由 4 个 Stage 组成,通过改变每个 Stage 中重复 block 的次数 d_i 和每个 block 输出的通道数 w_i,从而改变 RegNet 的网络深度,使其能够在广泛的计算环境下,完成对不同复杂度目标的特征提取。本节采用 400 MF 和 3.2 G 规格的 RegNet 模型,其参数见表 7 - 1。在 RegNet 中,存在两种 block,每个 Stage 的第一个 block 带有 $s=2$ 的组卷积,如图 7 - 5(a),其他均为 $s=1$ 的残差结构,如图 7 - 5(b)。

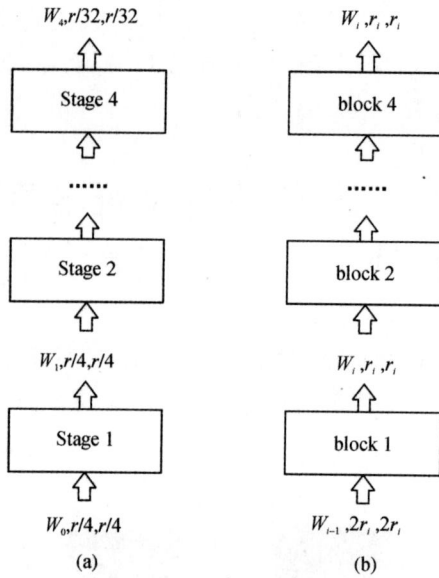

$W_4, r/32, r/32$ W_i, r_i, r_i

图 7-4　RegNet 结构图

(a)body;　(b)stagei

表 7-1　RegNet 模型参数

	d_i	w_i	g
400 MF	$(1,2,7,12)$	$(32,64,160,384)$	16
3.2 G	$(2,6,15,2)$	$(96,192,432,1008)$	48

其中,g 代表组卷积的组长度。

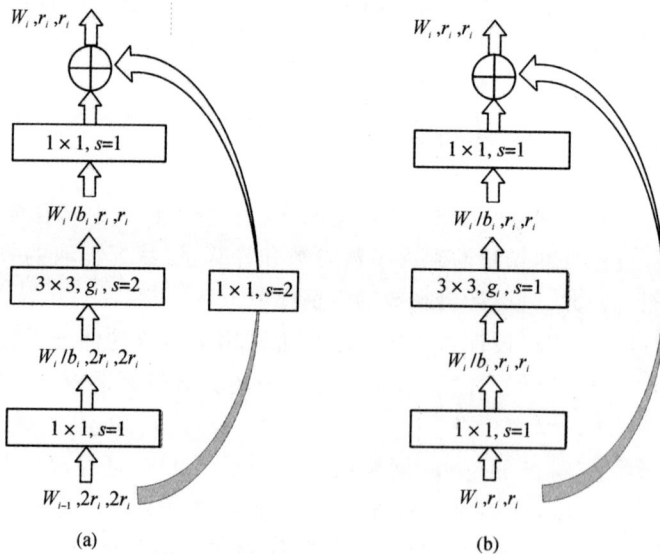

图 7-5　RegNet 残差结构

(a)$s=2$;　(b)$s=1$

由于经过第 1 个 block 提取的特征受杂波干扰影响大,无法直接用于弱小目标的检测,我们分别采用经过 2、3、4 个 block 提取的特征图,并在原来 400 MF 的 RegNet 基础上嵌入 scSE(Spatial and Channel Squeeze & Excitation)注意力模块。scSE 是通道注意力(cSE)和空间注意力(sSE)的并行组合,对提取的三层特征图分别进行通道和空间上重要性信息的提取,并将相加处理后具有高重要性的特征进行强化激励,使网络在学习中更加关注有意义的特征信息。

7.3.2　语义融合特征金字塔

本节将对我们所设计语义融合特征金字塔(SFFPN)进行介绍,语义融合特征金字塔主要由通道分离模块、特征增强模块、权重共享卷积以及自适应特征融合模块组成,其网络结构如图 7-6。Conv1×1 代表 1×1 卷积,Spilt 代表通道分离,FE 代表特征增强模块,S-Conv 代表 1×1 共享卷积,AF 代表自适应特征融合。当采用特征提取网络 2、3、4、5 层输出时,SFFPN 结构中存在 4 条并行路线;当只输入 3 层特征图时,只存在相应层的路线。

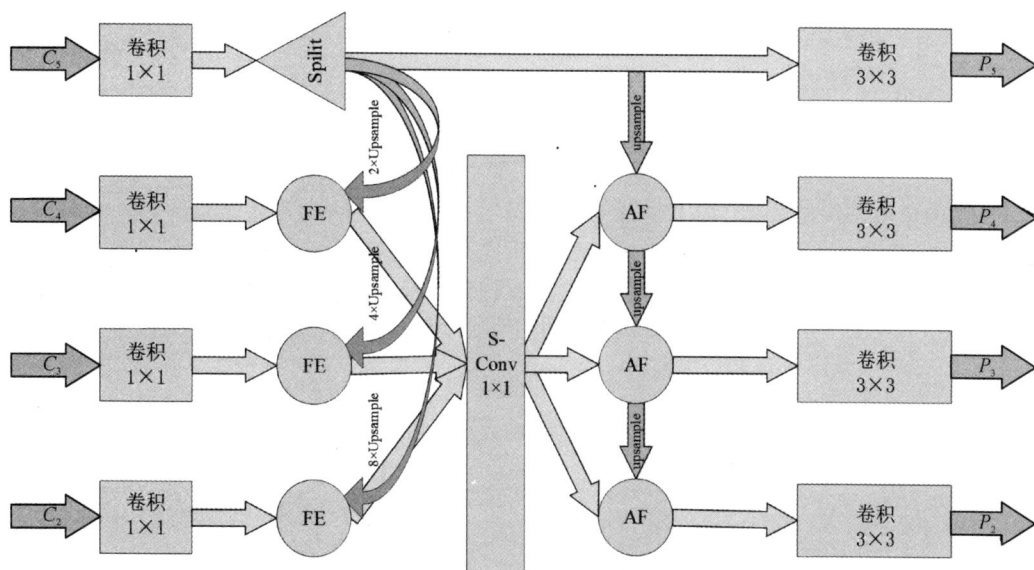

图 7-6　语义融合特征金字塔(SFFPN)网络结构

如图 7-6 所示,特征图进入 SFFPN 中,首先经过 1×1 卷积调整通道数,对顶层特征进行通道分离,分离的通道分别用于上采样后特征增强和自适应特征融合,经过增强的特征进入 1×1 共享卷积,在通道和语义信息的统一后进行自适应融合,最后通过 3×3 的卷积操作输出,完成语义特征融合的全部过程。

1.通道分离模块

经过特征提取的 C_2、C_3、C_4、C_5,其特征通道数呈现倍数关系,而在 1×1 卷积对通道数进行调整的过程中,FPN 将所有输入特征通道数调整为输出特征 P 的通道数(在这里假设为 128），对于顶层特征而言，通道维度统一时通道数由 1 024 骤减为 128，丢失大量特征信息，如果同时增加各层的通道数，又会带来巨大的计算量。为此，SFFPN 的设计中将经过 1×1 卷积后的顶层特征图通道数设置为其他层的 2 倍，再采用通道分离的方法，将一半特征图用于特征增强，另一半用于自适应特征融合，如图 7-7 所示。

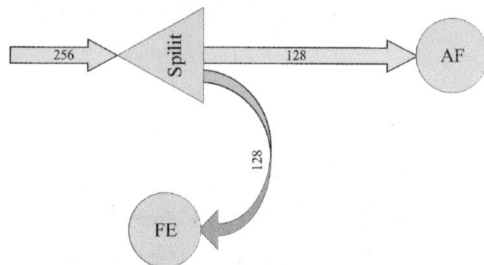

图 7-7　通道分离

如图 7-7 所示，顶层特征图通道数固定为其他各层的 2 倍，再经过通道分离，用于特征增强和自适应特征融合的特征通道数恰好等于其他各层通道数。这一方法的加入，能够让 SFFPN 在基本不增加计算量的前提下，保留更多的特征信息，使算法在检测精度上具有更好的性能。

2.特征增强模块

浅层特征含有丰富的位置和细节信息，对于小目标检测来说至关重要。但由于红外成像受大气热稳定性影响较大，加上小目标信号微弱，导致红外弱小目标的浅层特征图存在着大量的"伪目标特征"，给红外弱小目标的检测带来很大挑战。考虑到 FPN 设计中底层特征图中存在的"伪目标特征"对检测结果的干扰，我们设计了一种特征增强模块在强化"真目标特征"的同时，抑制"伪目标特征"，其结构如图 7-8 所示。

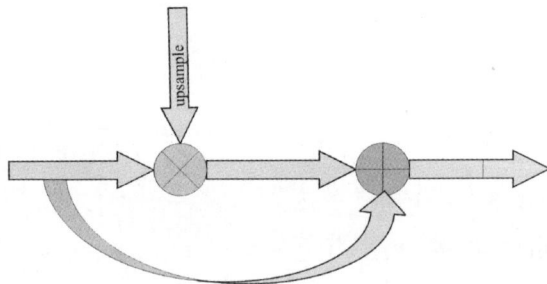

图 7-8　特征增强模块

图 7-8 中，⊗代表逐元素相乘，⊕代表通道相加操作。各层特征图在经过 1×1 卷积完成通道数调整后进入特征增强模块，与经过相应倍数上采样的顶层特征图逐元素相乘。此时顶层特征图可视为一个过滤器，在逐元素相乘的过程中，凭借其足够大的感受野和强语义信息对 C_2、C_3、C_4 层特征信息进行过滤，去除大量"伪目标特征"。但在试验中发现此过程对真实目标特征信息也有一定的抑制效果，如果直接使用相乘后的特征会造成部分有效特

征丢失,因此我们的特征增强模块中将相乘后的特征与本层特征进行通道相加,以缓解过滤后有效特征丢失的问题,使目标特征在各层特征图中得到保留和突出。

3.权重共享卷积

为改善 FPN 中直接对不同层特征进行融合,造成多尺度特征图表达能力减弱的问题,我们需要一种方法来平衡金字塔不同层特征图之间感受野和语义信息的差异。考虑到 C_2、C_3、C_4 层经过特征增强模块后通道数是原来的两倍,需要在通道数减半后保持与顶层特征图一样的通道数才能进行特征融合,如果采用 3 个 1×1 卷积再次进行通道数调整,将引入 3 组新的参数,在一定程度上增加了模型计算量。

为解决以上问题,在 SFFPN 设计中使用 1×1 共享卷积完成对 C_2、C_3、C_4 层特征图通道数的调整,权重共享可以减少神经元之间的连接数量,降低过度拟合的风险。在卷积过程中,3 层特征图共同作用于卷积核的权值,并通过共享卷积核各层间的感受野和语义差异得到缓和,保证了多尺度特征图的表达能力。

4.自适应特征融合模块

FPN 采用将顶层特征图进行上采样,并与下一层融合时采用特征图逐元素相加的方式,得到中间层特征图,如图 7 - 9(a)所示。再将中间层特征图进行上采样后与下一层特征图融合,依次完成自上而下的多尺度特征融合,最终得到具有不同分辨率的各层特征图,分别负责不同尺度目标的预测。这种方法思路简单,但对于某一层而言,当两层特征信息存在较大差异时[148],它们在特征融合中的贡献是不平等的,简单地按相同比例将输入特征相加的方法并不科学。

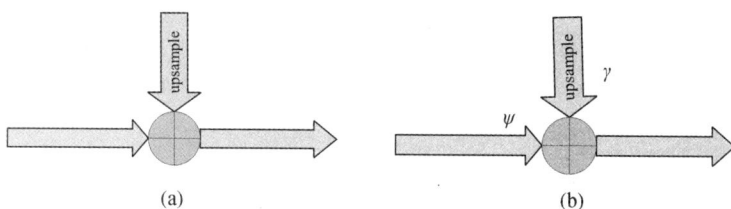

图 7 - 9　特征融合模块
(a)FPN 中特征融合;　(b)本书提出的自适应特征融合

为缓解直接跨尺度特征融合影响特征表达能力的问题,我们设计了自适应特征融合模块实现特征融合方式的优化:首先分别对两层特征图中像素点的像素值进行 Softmax 归一化计算权重系数,形成集合 Ψ 和 Υ,当特征图进行融合时,Ψ 和 Υ 作为权重因了能够头现融合比例的自适应调节。如图 7 - 9(b)所示,其中 $\oplus$ 表示元素值相加。

权重因子 Ψ 和 Υ 集合的计算式为

$$\Psi = \{\varphi_{(c,i,j)}, (c \in C, i \in H, j \in W)\} \tag{7-1}$$

$$\Upsilon = \{\nu_{(c,i,j)}, (c \in C, i \in H, j \in W)\} \tag{7-2}$$

式中:H、W 和 C 分别表示输入特征图的高、宽和通道数,(c, i, j) 表示特征图的第 c 个通道上坐标为 (i, j) 的像素点。式(7-3)为自适应特征融合模块的输出结果,fconv 为共享卷积,fupsample 为上采样。

$$P_l' = \Psi f_{\text{conv}}(P_l) + \gamma f_{\text{upsample}}(P_{l+1}') \qquad\qquad (7-3)$$

式中：P_l' 表示经过自适应融合后的特征图；P_l 为本层特征图；P_{l+1}' 为经过融合的上一层特征图。

7.3.3　目标预测网络

YOLOXHead[149] 作为单阶段检测网络最新的研究成果，我们的目标预测网络借鉴了其 Anchor Free 机制、解耦头和简化正负样本分配策略 SimOTA。

1.Anchor Free 机制

为解决目前 Anchor Base 算法检测头复杂度高，且训练前聚类分析生成的 anchor 集合对数据集依赖性强，导致算法泛化性能较差的问题，我们采用 Anchor Free 的方法，对每个位置进行三个预测调整为进行一个预测，每次仅预测网格左上角的宽、高偏移量及预测框的宽、高，有效降低了检测器参数量和浮点运算量。此外，Anchor Free 的引入使算法能够检测到的目标尺度不再受预设的 Anchor Box 大小限制，大大提升了算法对不同尺度目标检测的适应性。

2.解耦头（Decoupled Head）

由于分类与回归任务之间存在冲突，采用耦合的检测头会对模型性能造成影响，而分离的头部又会带来运算复杂度的增加。为平衡模型检测精度和检测速度，我们首先采用 1×1 卷积进行降维，再通过两个 3×3 卷积分别进行分类和回归，以增加少量参数为代价实现了检测性能的大幅提升。

3.简化的正负样本分配策略 SimOTA

YOLOHead 仅将采样中心点作为正样本的正负样本分配可能导致周围高质量样本被忽略，正负样本分配（OTA）策略考虑全局最优，具有更强的高质量样本搜索能力。为兼顾算法性能和训练时长，我们采用 SimOTA 策略，首先计算预测 gt 对的成本表示，然后选择固定区域内成本最低的前 K 个预测作为正样本。SimOTA 比 YOLOHead 计算方法更靠近全局最优，又减少了 25% 的训练耗时。SimOTA 中 gtgi 和预测 pj 之间成本计算公式为

$$C_{ij} = L_{ij}^{\text{cls}} + qL_{ij}^{\text{reg}} \qquad\qquad (7-4)$$

式中：q 为平衡系数；L_{ij}^{cls} 和 qL_{ij}^{reg} 是 gtgi 和预测 pj 之间的分类损失和回归损失。

7.4　试验与结果分析

7.4.1　横向对比试验与结果分析

本节在红外弱小无人机数据集上对提出的目标检测算法与其他常规检测算法的综合性能进行比较，结果见表 7-2。

表 7 - 2　横向试验结果对比

算　　法	mAP/(%)	FLOPs/G	Params/M
YOLOv3	87.40	12.41	61.52
YOLOX_s	11.10	2.13	8.94
YOLOv5_s	9.77	1.31	7.02
YOLOv7	14.9	8.38	36.49
SSD	89.60	34.27	23.75
Retinanet	81.50	13.07	36.10
SRFE	45.40	5.63	1.60
Ours	88.10	1.59	7.32

从表 7 - 2 试验结果可见,本书所提的算法在仅有 1.59 G 浮点运算量、7.32 M 参数量的前提下,达到了 88.10% 的检测精度,实现了检测精度和检测速度的平衡。与 YOLOv3 相比,我们的算法将模型大小压缩至原来的 1/9,且同时小幅提升了目标检测精度。本章提出的算法与 YOLOX_s、YOLOv5_s 在参数量和运算量上相近,但在检测精度上远优于其他两种算法。与 SSD 相比,虽然检测精度小幅下降,但解决了 SSD 模型复杂、运算量大的问题,运算量仅为原来的 1/21,使检测的实时性要求得到满足。与 Retinanet 相比,我们提出的算法在精度上提升了 6.6%,模型大小压缩至 1/5,运算量缩减了 1/8。此外,还对 YOLO 系列最新的 YOLOv7 以及第 3 章提出的 SRFE 算法进行了试验,发现这两种算法对红外弱小目标的检测效果均不理想。本章提出的 RSX 算法在检测精度上仅次于 SSD,在模型参数量和浮点运算量方面达到最优,实现了检测精度和速度的均衡。

图 7 - 10 展示了多种场景下我们所提算法的检测结果,可以看到基于语义融合特征金字塔的目标检测算法在多个场景下均能准确地识别目标,较好地完成了检测任务。

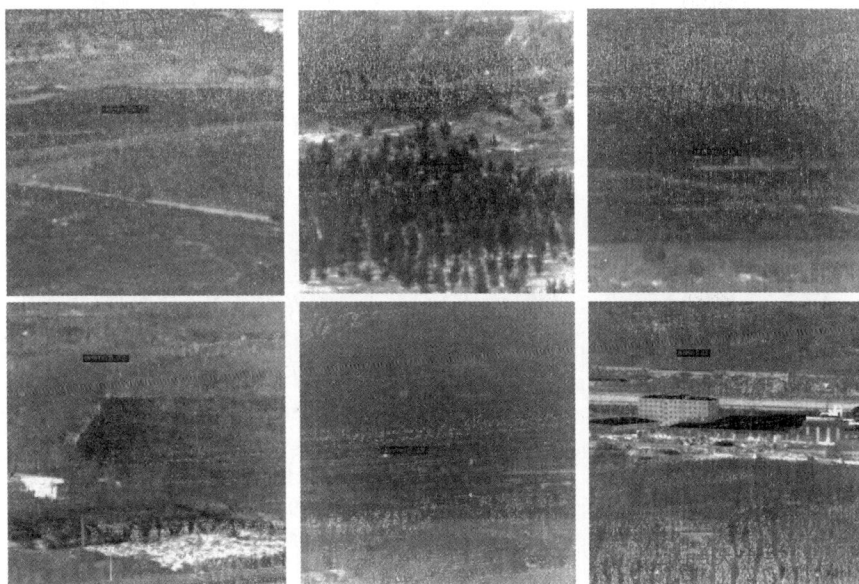

图 7 - 10　红外弱小无人机目标检测示例

7.4.2　消融试验与结果分析

本节对基于语义融合特征金字塔的目标检测算法开展模块消融试验,对比算法中不同模块设计,验证算法中各个模块在空中红外弱小目标检测问题上的有效性。试验共设 10 组,每组试验的 Backbone、Neck 和 Head 见表 7 - 3。

表 7 - 3　试验设置情况

方　法	骨干网	颈部层			检测头
试验 1	Darknet53		FPN		YOLOv3Head
试验 2	Darknet53		FPN		YOLOXHead
试验 3	Darknet53	FE	AF	spilit	YOLOXHead
试验 4	Darknet53	FE		spilit	YOLOXHead
试验 5	Darknet53	FE	AF		YOLOXHead
试验 6	ShuffleNet V2	FE	AF	spilit	YOLOXHead
试验 7	RegNet400MF(0,1,2,3)	FE	AF	spilit	YOLOXHead
试验 8	RegNet400MF(1,2,3)	FE	AF	spilit	YOLOXHead
试验 9	RegNet400MF(1,2,3)+SE	FE	AF	spilit	YOLOXHead
试验 10	RegNet3.2G(1,2,3)	FE	AF	spilit	YOLOXHead

作为对照:试验 1 为标准检测模型 YOLOv3 的检测结果;试验 2 在试验 1 的基础上用 YOLOXHead 替换 YOLOv3Head 进行预测;试验 3 在试验 2 的基础上,采用语义融合特征金字塔(SFFPN)代替 FPN 作为颈部;试验 4 在试验 3 的基础上将自适应融合模块替换成 FPN 原始的逐元素相加操作;试验 5 在试验 3 的基础上去除通道分离模块,顶层特征图在 1×1 卷积过程中直接将通道数压缩成输出通道数;试验 6 到试验 10 在试验 3 的基础上选用不同的特征提取网络。其中,试验 9 为本节所提出的基于语义融合特征金字塔的目标检测算法,以 RegNet400MF 为骨干网 Backbone,选取后三层特征图并加入 scSE 注意力机制;以 SFFPN 为颈部 Neck,用 YOLOXHead 进行预测,其中 SFFPN 由通道分离、共享卷积、特征增强模块和自适应融合模块组成。具体试验模型构成及试验结果见表 7 - 4,其中 nan 表示模型训练不收敛。

表 7 - 4　红外弱小无人机数据集上的检测结果

方　法	mAP/(%)	运算量/G	参数量/M
试验 1	87.40	12.41	61.52
试验 2	80.00	11.09	44.63
试验 3	88.90	10.42	43.2
试验 4	88.70	10.42	43.2
试验 5	88.50	10.42	43.07
试验 6	79.40	1.09	2.46
试验 7	nan	4.73	7.29
试验 8	87.20	1.59	7.14
试验 9	88.10	1.59	7.32
试验 10	88.60	5.28	16.76

从试验 1 和试验 2 可以发现,采用 YOLOXHead 后参数量和浮点运算量减少,检测精度也同时下降。对比试验 2 和试验 3,可利用 SFFPN 代替 FPN 后,算法检测精度较之前提升了 8.9%,证明我们设计的 SFFPN 比 FPN 更适用于红外弱小目标检测。对比试验 3 和试验 4、试验 3 和试验 5,分别证明了自适应特征融合、通道分离对提升检测性能均有一定的贡献,是 SFFPN 中不可缺少的一部分。试验 6 采用轻量化的 ShuffleNet V2,对模型进行了压缩,但检测精度大幅下降。试验 7 采用 RegNet400 MF,并将 4 层输出特征图全部用于融合,但由于第一层特征信息较为混乱,导致训练无法收敛。因此,试验 8 在试验 7 的基础上去除第一层特征图,用后三层特征进行检测,最终以 YOLOv3 计算量的 1/9 达到了与其相近的检测效果。试验 9 增加了 scSE 注意力机制,使网络在训练中更加关注通道和空间上与目标相关的重要信息。试验结果表明,我们所提出的算法(试验 9)在该数据集上达到了88.1% 的检测精度,以 0.7% 的优势超越了 YOLOv3,在目标检测算法中占据优势地位。试验 10 采用了 RegNet 网络中较大的 RegNet3.2 G,特征提取网络更加复杂,提取特征的能力也更强,在一些实时性要求不高的场景下可以选用。此外,试验 6、试验 8 和试验 9 作为轻量级目标检测算法,为实时性要求较高的部署场景提供了算法选择,同时证明我们提出的 SFFPN 具有很好的兼容性,能够作为一个 Neck 结构与其他特征提取网络组成新的检测模型。

为更直观地对比语义融合特征金字塔对检测效果的影响,我们对不同场景下的检测结果进行了可视化,如图 7 - 11 所示,图中数字为目标置信度。

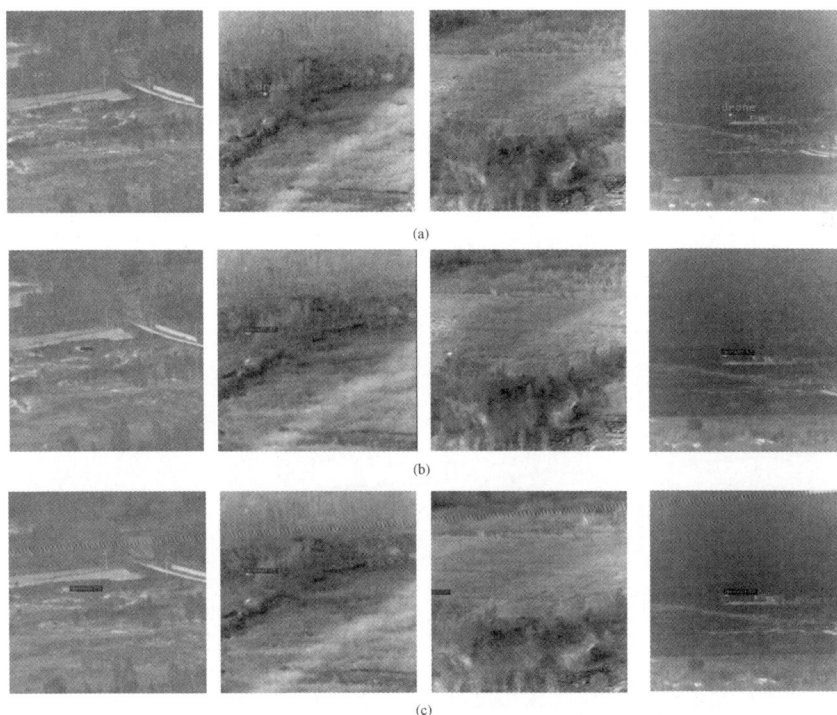

图 7 - 11　红外无人机目标检测效果对比

(a)标注图片(b)Experiment 2(c)Experiment 3

由图 7-11 可见,相比于试验 2,试验 3 检测结果中对目标的定位更加准确,且能够检测出试验 2 算法无法检测出的目标,漏检率更低。由此可见,以 SFFPN 作为颈部的目标检测算法与 FPN 相比,算法的识别准确率和定位精度均有大幅提升。

7.5 本 章 小 结

本章分析了 YOLOv3 在红外弱小无人机目标检测中存在的问题,在此基础上采用 scSE 注意力机制优化的 RegNet400 MF 轻量级骨干网作为特征提取网络,通过通道分离、特征增强、共享卷积和自适应特征融合设计了语义融合特征金字塔(SFFPN),通过 Anchor Free 机制、解耦头和简化正负样本分配策略(SimOTA)对检测头进行优化,提出了一种基于语义融合特征金字塔的目标检测算法(RSX)。试验结果表明,最终算法模型大小仅 7.32 M,浮点运算量仅 1.59 GFLOPs,在红外弱小无人机数据集上 mAP 达到 88.1%。

第8章 无人机目标检测软件系统实现

入侵无人机目标检测跟踪对提高低空领域管控能力,确保保护目标和部队人员安全有着至关重要的作用。本章基于前文的研究内容,对系统的能力需求进行介绍,完成系统工作流程和系统功能设计,并通过代码完成主要软件功能的实现,为前文提出的无人机目标检测算法提供一个可视化应用平台。

8.1 概　　述

为实现无人机目标检测算法在实际场景下的应用,本章结合 YOLOv3 目标检测算法,设计并实现了一种无人机目标检测软件。本书设计实现的基于深度学习的入侵无人机目标检测软件系统可以通过可视化界面设计,实现调用电脑或连接在电脑上的监控摄像头实现实时视频检测,也可以加载本地视频文件,对视频中是否存在无人机目标实现自动识别;同时,当检测到目标时,系统能够做出警示,以提醒工作人员及时掌握入侵无人机目标的情况。因此,本系统要求的检测速度不低于 10 帧/s,且系统支持图像、视频、前端摄像头等多种输入方式,并能在检测到目标后做出一定的响应。

基于深度学习的无人机目标检测软件系统主要是实现视频流中的无人机目标的检测任务。根据现阶段基于深度学习的目标检测算法在目标检测领域展现出较强的性能,软件采用 Joseph Redmon 和 Ali Farhadi 提出的 YOLOv3 深度神经网络目标检测算法作为检测系统底层算法,并将检测结果在软件界面上可视化。系统检测一般过程如图 8-1 所示。

图 8-1　系统检测一般过程

系统通过摄像头等工具获取监控区域的视频流以实现信号的采集,而后将视频信号传入系统中,调用已训练好的检测模型,将视频信号转化为帧信号放入检测模型中进行处理,实现图像中有无目标的检测,再将检测结果在软件界面中可视化,同时系统根据预测结果做出对应的响应应用以提醒监控人员。

8.2 无人机目标检测软件系统的设计

无人机目标检测跟踪系统以使用已训练好的算法模型检测不同形式和背景下的无人机为主线运行,用户权限管理数据库为使用者登录和使用本系统提供数据存储服务,用户登录时通过数据库获取用户名密码和使用权限。作为目标检测算法模型库的核心,算法加载库为目标检测任务在不同的背景情况下提供可选择的目标检测算法,视频图像数据集、无人机图片数据集和实时视频数据流为系统提供检测场景。系统总体结构如图8-2所示。

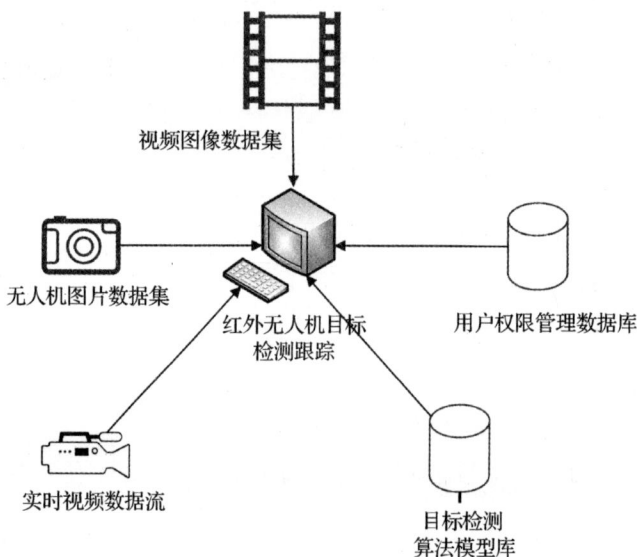

图 8-2 系统总体结构图

使用者通过正确的用户名及密码获取软件使用权限,在选择待检测数据集和检测算法后,系统开始对目标图像(视频)中的目标进行检测,并在展示界面中做出清晰标识,并记录目标检测信息。

8.2.1 系统功能

无人机目标检测跟踪系统的主要功能是确定场景图像中有无无人机目标及目标位置,并用矩形框进行框选。系统功能设计见表8-1。

本系统主要有三种功能模式:检测模式、跟踪模式、跟踪计数模式。对于静态图像,选用检测模式,识别图像中无人机目标并显示其坐标和置信度;对于视频和实时摄像,三种模式可灵活使用。在检测模式下视频被"切割"成一帧一帧的图像,算法检测每一帧图像中有无目标,输出其置信度和位置坐标;在跟踪模式下,可视化结果显示代表目标位置的矩形框以及对象的类别名称,当有多个无人机目标时,为便于区分系统自动对目标进行编号;在跟踪计数模式下,可视化结果除跟踪模式中的矩形框和类别名称外,还短暂保留了目标中心点轨迹。

表 8-1　系统功能设计表

功　能	功能描述
模型选择	支持载入各种经过训练的模型,可以随时切换
图像检测	选择待检测图像,获取检测结果
视频检测	选择待检测视频,获取检测结果
实时摄像检测	支持打开摄像头或外连摄像头,在摄像场景下实时检测
算法检测性能统计	给出当前模型在检测中的耗时、置信度等统计信息
检测结果实时显示	图像、视频和实时摄像检测结果在界面展示,其目标位置、数目、类别等信息实时显示更新
检测结果保存	支持手动保存检测结果

8.2.2　主要指标

为满足实际需求,考虑到可能存在的城市、野外背景和多无人机目标等各种复杂情况,系统在加载能力、实时计算能力、可靠性、功能性标准化、易维护性和易用性等能力方面应达到以下标准,具体描述见表 8-2。

表 8-2　系统主要指标

主要指标	具体描述
加载能力	支持加载同类型算法不少于5个; 支持同时管理用户数量不少于10个; 支持检测数据源不少于3种
实时计算能力	目标检测时间延迟不大于2 s; 交互系统信息处理延迟不大于1 s
可靠性	系统平均无故障时间(MTBF)不小于72 h
功能性标准化	适合性:应满足支持内容所述功能; 准确性:提供符合功能的精度; 安全保密性:未授权的人员不能阅读或修改系统信息和数据
易维护性	系统平均维护时间(MTTR)不大于2 h
易用性	易理解性:使用人员能够快速理解软件用于特定的任务和使用条件; 易学性:使用者仅需产品手册即可操作使用; 易操作性:界面简洁,层次分明

8.2.3　工作流程

首先用户选择已训练好的模型进行部署,并根据任务需要选择工作模式,可分为检测模式、跟踪模式和跟踪计数模式。在此基础上选择输入数据,可以是静态图片、视频和摄像头实时数据,此时,系统判断输入数据与所选模式是否匹配,如选择检测模式则输入数据必须是静态图片,若输入为视频则会判定不匹配,返回一开始的模型选择界面。判定匹配之后进入检测阶段,采用选定的算法模型计算场景中存在的无人机数目、目标位置及分类,并实时更新界面上的检测结果。此外,用户可以手动保存或删除检测结果。无人机目标检测跟踪系统的整体工作流程如图 8-3 所示。

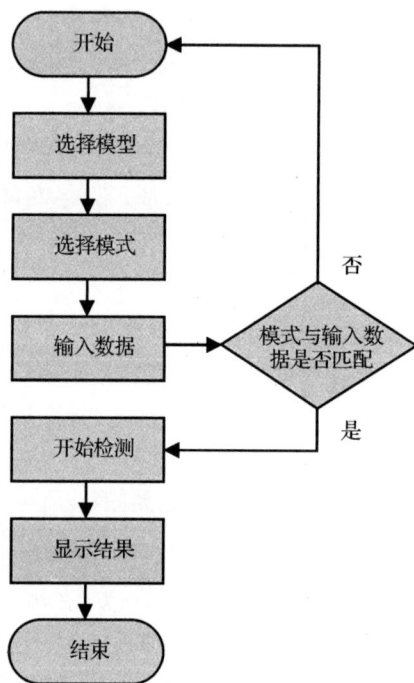

图 8-3　无人机目标检测跟踪系统工作流程

8.3　无人机目标检测软件系统的实现

8.3.1　软件平台

无人机目标检测软件系统是基于 YOLOv3 目标检测算法,并将 YOLOv3 检测模型在无人机数据集中进行训练得到的模型作为底层检测算法模型,实现视频图像中无人机目标的检测。系统的软件平台配置使用 Ubuntu18.04LST 系统,编程语言为 python3.7,使用 PyTorch1.7.0 和 CUDA10.0 等深度学习科学计算库进行深度学习模型的搭建和训练,软件界面使用 PyQt5 等相关的库进行设计。

8.3.2 具体实现

无人机目标检测软件系统基于 PyQt5 和相关深度学习计算库实现,支持跨平台运行,可以在 windows 和 Ubuntu 环境下运行。

系统使用 PyQt5 编写程序主界面,并按照操作指令调用经 PyTorch 训练好的 YOLOv3 神经网络模型。考虑模型加载和预测需要较长的时间,如果在主线程加载模型并预测,容易造成系统界面崩溃,因此,在实现过程中,在系统界面初始化的同时完成模型的加载,并实例化为全局变量。同时使用多个进程,主线程为 UI 线程负责界面刷新和图像显示,主线程中使用 PyQt5 中的 Qtimer 组件通过 opencv 采集图片、视频和摄像头数据。另外再单独创建一个线程,负责图像的循环预测,使用这种方式实现 UI 线程和工作线程的分离。在系统操作过程中,一般存在需要停止当前检测的进度的情况,但是由于 PyQt5 中没有线程直接退出的方法。因此需要在主线程中设置一个 flag 标志位,当需要停止预测时,主线程发送 flag 信号给预测线程,预测线程通过判断停止当前的预测进度。由于硬件平台的检测速度大概只有 15 帧/s,而视频或摄像头数据均为 25 帧/s,使用图像队列构建生产者和消费者模型,保证每次检测的都是最新的图片,以减少系统延迟。

8.4 系统运行测试及分析

本节主要为提出的无人机目标检测算法搭建一个可视化应用平台,该平台应具备模型载入、图像加载、算法测试及检测结果可视化等功能,以验证我们之前提出算法的有效性。考虑到应用场景中设备条件有限,系统设计在结构和界面设计上尽可能简洁,在功能上应尽可能丰富和完善。软件采用 python 语言实现的图形程序框架 PyQt5,构建无人机目标检测跟踪系统可视化界面,如图 8-4 所示。

图 8-4 检测跟踪系统主界面

　　如图 8-4 所示,左侧区域为操作区,可选择部署的模型和待检测文件,并通过点击功能按钮选择不同的工作模式;中间为检测结果可视化区域,检测结果将用矩形框框选出检测到的目标,并实时更新显示;右侧显示此次检测的用时,各类目标数目、类别和置信度,以及目标具体的坐标位置。

1.图像检测功能实现

　　在进行图像检测任务时,点击"目标检测"按钮选择检测模式,在"选择模型"一栏中调用服务器上训练好的模型进行部署,在"选择图片文件"一栏中选择待检测图片,选定待检测图像后开始检测,检测结果以图像的形式展现。图像选择界面和目标检测界面分别如图 8-5 和图 8-6 所示。

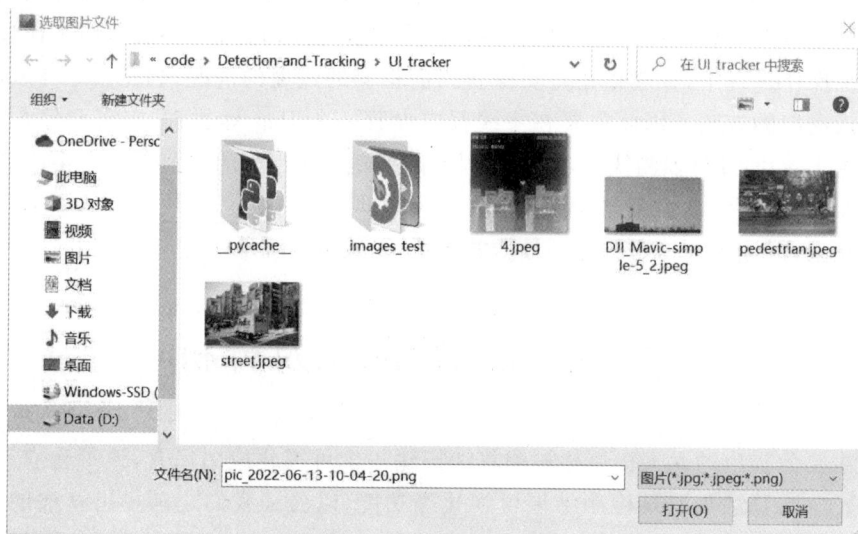

图 8-5　图像选择界面

图 8-6　目标检测界面

2.视频目标跟踪功能实现

选择跟踪模式时，与检测模式不同的是要点击"选择图片文件"关闭图片选择通道，并在"选择视频文件"一栏中选择待检测视频，选中待检测视频后点击打开，系统自动开始检测。视频选择界面和检测界面如图8-7和图8-8所示。

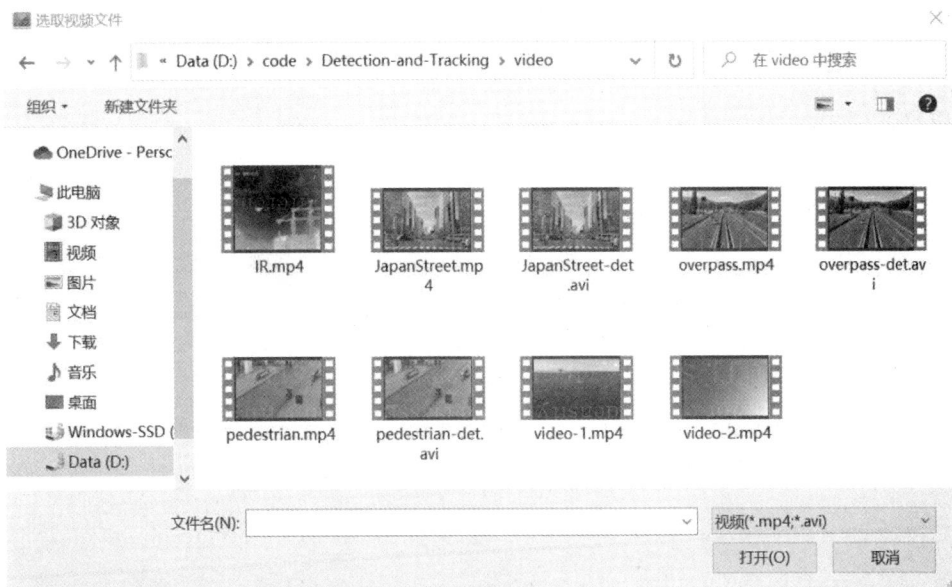

图 8-7　视频选择界面

图 8-8　目标跟踪界面

页面中部为检测结果显示区域，根据目标坐标位置以矩形框框出目标，并在图像中标注出目标类别和对象标号，检测结果如检测用时、目标数目、置信度及目标位置等信息随检测的推进实时更新。

3.视频跟踪计数功能实现

视频跟踪计数功能在实现上与视频目标跟踪类似,在点击跟踪计数按钮、选择待检测视频后系统自动开始运行。在模式实现效果上视频跟踪计数功能与视频目标跟踪相似,但在其基础上增加了一个短暂的轨迹显示,在输出的结果视频中目标表现为一个携带矩形框和中心点拖尾的图形,如图 8-9 所示。

图 8-9　跟踪计数界面

8.5　本 章 小 结

本章设计和实现了一种基于深度学习的无人机目标检测软件系统。首先对无人机目标检测系统进行了需求分析,而后对无人机目标检测系统的软件架构和主要工作流程进行了介绍,并对软件系统的具体实现进行了说明。为证明软件系统的可行性,本书以输入本地视频为例,详细介绍了系统的使用和操作方式,并对系统有无检测到无人机目标两种情况进行说明,测试结果显示,系统能够实现无人机目标的检测,并且实现一定的警示功能,证明了系统在实际环境下具有一定的可行性。

参 考 文 献

[1] 陶磊，洪韬，钞旭. 基于 YOLOv3 的无人机识别与定位追踪[J]. 工程科学学报，2020，42(4)：463-468.

[2] 蒋镕圻，白若楷，彭月平. 低慢小无人机目标探测技术综述[J]. 飞航导弹，2020(9)：100-105.

[3] 王正刚，康青，荀怡佳，等. 低慢小无人机对军事区域的安全威胁及其应对方法[J]. 国防科技，2021，42(3)：65-71.

[4] 黄继鹏. 基于深度学习的小目标检测研究与应用[D]. 南京：南京大学，2019.

[5] WU X W，SAHOO D，HOI S C H. Recent advances in deep learning for object detection[J]. Neurocomputing，2020，396：39-64.

[6] RAGHUNANDAN A，MOHANA，RAGHAV P，et al. Object detection algorithms for video surveillance applications［C］//2018 International Conference on Communication and Signal Processing (ICCSP).Chennai：IEEE，2018：563-568.

[7] CHEN Q，TANG S H，YANG Q，et al. Cooper：Cooperative perception for connected autonomous vehicles based on 3D point clouds［C］//2019 IEEE 39th International Conference on Distributed Computing Systems (ICDCS).Dallas：IEEE，2019：514-524.

[8] LI Y M，SHANG J W，YAN M，et al. Real-time early indoor fire detection and localization on embedded platforms with fully convolutional one-stage object detection[J]. Sustainability，2023，15(3)：1794.

[9] EVERINGHAM M，ESLAMI S M，VAN G L，et al. The pascal visual object classes challenge：A retrospective[J]. Int J Comput Vis，2015，111(1)：98-136.

[10] LIN T Y，MAIRE M，BELONGIE S，et al. Microsoft COCO：Common objects in context[M]. Cham：Springer International Publishing，2014.

[11] 汤松岩. 基于 YOLOv3 的航拍目标检测算法研究及应用[D]. 武汉：华中科技大学，2019.

[12] GIRSHICK R，DONAHUE J，DARRELL T，et al. Rich feature hierarchies for accurate object detection and semantic segmentation［C］//2014 IEEE Conference on Computer Vision and Pattern Recognition. Columbus：IEEE，2014：580-587.

[13] GIRSHICK R. Fast R-CNN［C］//2015 IEEE International Conference on Computer

Vision (ICCV). Santiago：IEEE，2015：1440－1448.

[14]　REN S Q，HE K M，GIRSHICK R，et al. Faster R-CNN：Towards real-time object detection with region proposal networks[J]. IEEE Trans Pattern Anal Mach Intell，2017，39(6)：1137－1149.

[15]　许雪，Tanvir Ahmad. 基于 Faster R-CNN 的多目标检测研究[J]. 计算机与数字工程，2020，48(10)：2393－2399.

[16]　REDMON J，DIVVALA S，GIRSHICK R，et al. You only look once：Unified，real-time object detection[C]//2016 IEEE Conference on Computer Vision and Pattern Recognition (CVPR). Las Vegas：IEEE，2016：779－788.

[17]　LIU W，ANGUELOV D，ERHAN D，et al. SSD：single shot MultiBox detector [M]. Cham：Springer International Publishing，2016.

[18]　REDMON J，FARHADI A. YOLOV3：An incremental improvement[C]//2018 IEEE Conference on Computer Vision and Pattern Recognition. [s.l.]：IEEE，2018：1－6.

[19]　BOCHKOVSKIYA，WANGCY，LIAOHYM. YOLOv4：Optimal Speed and Accuracy of Object Detection[EB/OL]. (2020－04－23) [2024－4－30]. https：//arxiv. org/abs/2004.10934. pdf.

[20]　FU C Y，LIU W，RANGA A，et al. DSSD：Deconvolutional single shot detector [EB/OL]. (2017－01－23)[2024－4－30]. https：//arxiv. org/abs/1701.06659.

[21]　BHUIYAN R，ABDULLAH J，HASHIM N，et al. Deep dilated convolutional neural network for crowd density image classification with dataset augmentation for hajj pilgrimage[J]. Sensors (Basel)，2022，22(14)：5102.

[22]　LAW H，DENG J. CornerNet：Detecting objects as paired keypoints[J]. Int J Comput Vis，2020，128(3)：642－656.

[23]　DUAN K W，BAI S，XIE L X，et al. CenterNet：Keypoint triplets for object detection [C]//2019 IEEE/CVF International Conference on Computer Vision (ICCV). Seoul：IEEE，2019：6568－6577.

[24]　PENG J K，ZHENG C W，CUI T Y，et al. Using images rendered by PBRT to train faster R-CNN for UAV detection[C]//CSRN"，"WSCG 2018－Short papers proceedings. Západočeská univerzita，2018：13－18.

[25]　AKER C，KALKAN S. Using deep networks for drone detection[C]//2017 14th IEEE International Conference on Advanced Video and Signal Based Surveillance (AVSS). Lecce：IEEE，2017：1－6.

[26]　马旗，朱斌，张宏伟，等. 基于优化 YOLOv3 的低空无人机检测识别方法[J]. 激光与光电子学进展，2019，56(20)：279－286.

[27]　SEIDALIYEVA U，AKHMETOV D，ILIPBAYEVA L，et al. Real-time and accurate drone detection in a video with a static background[J]. Sensors (Basel)，2020，20(14)：3856.

[28] SAQIB M，KHAN S D，SHARMA N，et al. A study on detecting drones using deep convolutional neural networks[C]//2017 14th IEEE International Conference on Advanced Video and Signal Based Surveillance（AVSS）. Lecce：IEEE，2017：1 - 5.

[29] COLUCCIA A，FASCISTA A，SCHUMANN A，et al. Drone-vs-bird detection challenge at IEEE AVSS2019[C]//2019 16th IEEE International Conference on Advanced Video and Signal Based Surveillance（AVSS）. Dalian：IEEE，2019：1 - 7.

[30] 冯小雨，梅卫，胡大帅. 基于改进 Faster R-CNN 的空中目标检测[J]. 光学学报，2018，38(6)：0615004.

[31] MAGOULIANITIS V，ATALOGLOU D，DIMOU A，et al. Does deep super-resolution enhance UAV detection? [C]//2019 16th IEEE International Conference on Advanced Video and Signal Based Surveillance（AVSS）. Dalian：IEEE，2019：1 - 6.

[32] 卢鑫鑫. 基于深度学习的无人机检测算法研究[D]. 武汉：华中科技大学，2019.

[33] 张鹏飞. 低空空域无人机入侵检测研究[D]. 西安：长安大学，2019.

[34] 王云. 基于深度学习的低空目标检测系统研究[D]. 成都：电子科技大学，2020.

[35] 刘朋飞. 基于改进 SSD 网络的低空无人机目标检测研究[D]. 北京：中国科学院大学（中国科学院国家空间科学中心），2020.

[36] 于越. 基于深度学习的无人机目标检测算法研究[D]. 西安：中国科学院大学（中国科学院西安光学精密机械研究所），2020.

[37] 王靖宇，王霰禹，张科，等. 基于深度神经网络的低空弱小无人机目标检测研究[J]. 西北工业大学学报，2018，36(2)：258 - 263.

[38] 李斌，张彩霞，杨阳，等. 复杂场景下深度表示的无人机目标检测算法[J]. 计算机工程与应用，2020，56(15)：118 - 123.

[39] 李秋珍，熊饶饶，王汝鹏，等. 基于 SSD 算法的实时无人机识别方法研究[J]. 舰船电子工程，2019，39(5)：30 - 35.

[40] 沈友官. 复杂背景下的空中弱小目标检测[D]. 南京：东南大学，2019.

[41] SUN H，YANG J，SHEN J Q，et al. TIB-net：Drone detection network with tiny iterative backbone[J]. IEEE Access，2020，8：130697 - 130707.

[42] ZHU Q M，ZHUANG H W，ZHAO M，et al. A study on expression recognition based on improved mobilenetV2 network[J]. Sci Rcp，2024，14(1)：8121.

[43] CHECHLINSKI L，SIEMIATKOWSKA B，MAJEWSKI M. A system for weeds and crops identification-reaching over 10 FPS on raspberry pi with the usage of MobileNets，DenseNet and custom modifications[J]. Sensors（Basel），2019，19(17)：3787.

[44] YOO Y J，HAN D，YUN S. EXTD：Extremely tiny face detector via iterative filter reuse[EB /OL]. （2019 - 06 - 23）[2024 - 4 - 30]. https://arxiv.org/abs/1906.06579v2.

[45] FANG H Z, XIA M J, ZHOU G, et al. Infrared small UAV target detection based on residual image prediction via global and local dilated residual networks[J]. IEEE Geosci Remote Sens Lett, 2022, 19: 7002305.

[46] LIU M, DU H Y, ZHAO Y J, et al. Image small target detection based on deep learning with SNR controlled sample generation[M]//Poland: De Gruyter Open, 2017.

[47] LIN L K, WANG S Y, TANG Z X. Using deep learning to detect small targets in infrared oversampling images[J]. J Syst Eng Electron, 2018, 29(5): 947 – 952.

[48] WU D, CAO L H, ZHOU P J, et al. Infrared small-target detection based on radiation characteristics with a multimodal feature fusion network[J]. Remote Sens, 2022, 14(15): 3570.

[49] WANG Y, CHEN Y R, CHOI J, et al. Towards visible and thermal drone monitoring with convolutional neural networks[J]. APSIPA Trans Signal Inf Process, 2019, 8(1): 5 – 17.

[50] YU C, LIU Y P, WU S H, et al. Pay attention to local contrast learning networks for infrared small target detection[J]. IEEE Geosci Remote Sens Lett, 2022, 19: 3512705.

[51] SUN H, YANG J, SHEN J Q, et al. TIB-net: Drone detection network with tiny iterative backbone[J]. IEEE Access, 2020, 8: 130697 – 130707.

[52] XU X, SUN Y W, DING L H, et al. A novel infrared small target detection algorithm based on deep learning[C]//2020 4th International Conference on Advances in Image Processing. Chengdu: ACM, 2020: 8 – 14.

[53] 鞠默然, 罗海波, 刘广琦, 等. 采用空间注意力机制的红外弱小目标检测网络[J]. 光学精密工程, 2021, 29(4): 843 – 853.

[54] DU J M, LU H Z, HU M F, et al. CNN-based infrared dim small target detection algorithm using target-oriented shallow-deep features and effective small anchor[J]. IET Image Process, 2021, 15(1): 1 – 15.

[55] ZHANG Y, ZHANG Y, SHI Z G, et al. Design and training of deep CNN-based fast detector in infrared SUAV surveillance system[J]. IEEE Access, 2019, 7: 137365 – 137377.

[56] TONG X Z, SUN B, WEI J Y, et al. EAAU-net: Enhanced asymmetric attention U-net for infrared small target detection[J]. Remote Sens, 2021, 13(16): 3200.

[57] 王国刚, 孙召进, 刘云鹏. J–MSF: 一种新的多通道多尺度红外弱小目标检测算法[J]. 红外与激光工程, 2022, 51(5): 136 – 145.

[58] ZUO Z, TONG X Z, WEI J Y, et al. AFFPN: Attention fusion feature pyramid network for small infrared target detection[J]. Remote Sens, 2022, 14(14): 3412.

[59] ZHAO D, ZHOU H X, RANG S H, et al. An adaptation of cnn for small target detection in the infrared[C]//IGARSS 2018 – 2018 IEEE International Geoscience

and Remote Sensing Symposium. Valencia：IEEE，2018：669 - 672.

［60］ 谢江荣. 基于深度学习的空中红外目标检测关键技术研究［D］. 上海：中国科学院大学（中国科学院上海技术物理研究所），2019.

［61］ SHI M S，WANG H. Infrared dim and small target detection based on denoising autoencoder network［J］. Mob Netw Appl，2020，25(4)：1469 - 1483.

［62］ 张凯，刘昊，杨曦，等. 基于关键点检测网络的空中红外目标要害部位识别算法［J］. 西北工业大学学报，2020，38(6)：1154 - 1162.

［63］ FAN M M，TIAN S Q，LIU K，et al. Infrared small target detection based on region proposal and CNN classifier［J］. Signal Image Video Process，2021，15(8)：1927 - 1936.

［64］ CHEN G，WANG W H，TAN S R. IRSTFormer：A hierarchical vision transformer for infrared small target detection［J］. Remote Sens，2022，14(14)：3258.

［65］ ZHANG Y，SHI Z G，et al. Design and training of deep CNN-based fast detector in infrared SUAV surveillance system［J］. IEEE Access，2019，7：137365 - 137377.

［66］ 苗壮，张湧，陈瑞敏，等. 基于关键点的快速红外目标检测方法［J］. 光学学报，2020，40(23)：136 - 144.

［67］ LIU H S，FAN K G，OUYANG Q H，et al. Real-time small drones detection based on pruned YOLOv4［J］. Sensors (Basel)，2021，21(10)：3374.

［68］ YAO S B，ZHU Q Y，ZHANG T，et al. Infrared image small-target detection based on improved FCOS and spatio-temporal features［J］. Electronics，2022，11(6)：933.

［69］ HU X D，WANG X Q，YANG X，et al. An infrared target intrusion detection method based on feature fusion and enhancement［J］. Def Technol，2020，16(3)：737 - 746.

［70］ TAHA B，SHOUFAN A. Machine learning-based drone detection and classification：State-of-the-art in research［J］. IEEE Access，2019，7：138669 - 138682.

［71］ JIANG R Q，ZHOU Y，PENG Y P. A review on intrusion drone target detection based on deep learning［C］//2021 IEEE 4th Advanced Information Management，Communicates，Electronic and Automation Control Conference (IMCEC). Chongqing，China：IEEE，2021：1032 - 1039.

［72］ DRONE C. Bounding box detection of drones (small scale quadcopters)［EB/OL］. (2016 - 10 - 09)［2021 - 10 - 01］. https：//github.com/creiser/drone-detection.

［73］ COLUCCIA A，GHENESCU M，PIATRIK T，et al. Drone-vs-Bird detection challenge at IEEE AVSS2017［C］//2017 14th IEEE International Conference on Advanced Video and Signal Based Surveillance (AVSS). Lecce：IEEE，2017：1 - 6.

［74］ 马旗，朱斌，程正东，等. 基于双通道的快速低空无人机检测识别方法［J］. 光学学

报，2019，39(12)：105 - 115.

[75] 虞晓霞，刘智，耿振野，等. 一种基于深度学习的禁飞区无人机目标识别方法[J]. 长春理工大学学报(自然科学版)，2018，41(3)：95 - 101.

[76] WU M J，XIE W G，SHI X F，et al. Real-time drone detection using deep learning approach[M]// Cham：Springer International Publishing，2018.

[77] HU Y Y，WU X J，ZHENG G D，et al. Object detection of UAV for anti-UAV based on improved YOLO v3[C]//2019 Chinese Control Conference (CCC). Guangzhou：IEEE，2019：8386 - 8390.

[78] A. Coluccia，A. Fascista，A. Schumann et al. Drone-vs-Bird Detection Challenge [EB/OL]. (2020 - 09 - 01) [2021 - 10 - 05]. https://wosdetc2020.wordpress.com/drone-vs-bird-detection-challenge/.

[79] MACUKOW B. Neural networks - state of art，brief history，basic models and architecture[M]// Cham：Springer International Publishing，2016.

[80] MORRIS R G M. D.O. hebb：The organization of behavior，Wiley：New york；1949[J]. Brain Res Bull，1999，50(5/6)：437.

[81] ROSENBLATT F. The perceptron：A probabilistic model for information storage and organization in the brain[J]. Psychol Rev，1958，65(6)：386 - 408.

[82] NIEVERGELT J. R69-13 perceptrons：An introduction to computational geometry [J]. IEEE Trans Comput，1969，C - 18(6)：572.

[83] KLOPF A H. Brain function and adaptive systems：a heterostatic theory[M]. Air Force Cambridge Research Laboratories，Air Force Systems Command，United States Air Force，Cambridge，1972.

[84] KOSKO B. Bidirectional associative memories[J]. IEEE Trans Syst Man Cybern，1988，18(1)：49 - 60.

[85] KOHONEN T. Self-organized formation of topologically correct feature maps[J]. Biol Cybern，1982，43(1)：59 - 69.

[86] HOPFIELD J J. Neural networks and physical systems with emergent collective computational abilities[J]. Proc Natl Acad Sci USA，1982，79(8)：2554 - 2558.

[87] COHEN J D，ASTONJONES G，GILZENRAT M S. A systems-level perspective on attention and cognitive control：Guided activation，adaptive gating，conflict monitoring，and exploitation versus exploration [J]. Cognitive neuroscience of attention，2004，34(9)：71 - 90.

[88] SCHMIDHUBER J. Deep learning in neural networks：An overview[J]. Neural Netw，2015，61：85 - 117.

[89] NAIR V，HINTON G E. Rectified linear units improve restricted boltzmann machines[C]// In Proceedings of the 27th International Conference on International Conference on Machine Learning ICML'10. ACM. Haifa：Israel. 2010：807 - 814.

[90] MISRA D. Mish：A self regularized non-monotonic neural activation function[EB/

OL]. (2019 - 10 - 03) [2024 - 4 - 30]. http://arxiv.org/abs/1908.08681v1.

[91] 安丽娜，蒋锐鹏. 基于卷积神经网络的手写数字识别研究[J]. 无线互联科技，2019，16(20)：31 - 32.

[92] 邱锡鹏. 神经网络与深度学习[M]. 北京：机械工业出版社，2015.

[93] SHELHAMER E，LONG J，DARRELL T. Fully convolutional networks for semantic segmentation[C]//IEEE Transactions on Pattern Analysis and Machine Intelligence. Santiago：IEEE，2017：640 - 651.

[94] IOFFE S，SZEGEDY C. Batch normalization：Accelerating deep network training by reducing internal covariate shift[J]. 32nd Int Conf Mach Learn ICML 2015，2015，1：448 - 456.

[95] 蔡信岳. 基于深度学习的目标检测与跟踪[D]. 西安：西安电子科技大学，2019.

[96] CAO Z C，VILLAFUERTE G Z，ALMAZNAAI J. EPSSNet[J]. Int J Semant Web Inf Syst，2024，20(1)：1 - 22.

[97] XIONG J，HE Z G，ZHOU Q J，et al. Photovoltaic glass edge defect detection based on improved SqueezeNet[J]. Signal Image Video Process，2024，18(3)：2841 - 2856.

[98] ZHANG X Y，ZHOU X Y，LIN M X，et al. ShuffleNet：An extremely efficient convolutional neural network for mobile devices[C]//2018 IEEE/CVF Conference on Computer Vision and Pattern Recognition. Salt Lake City：IEEE，2018：6848 - 6856.

[99] MA N N，ZHANG X Y，ZHENG H T，et al. ShuffleNet V2：practical guidelines for efficient CNN architecture design ［M］//Cham：Springer International Publishing，2018.

[100] HU J，SHEN L，SUN G. Squeeze-and-excitation networks[C]//2018 IEEE/CVF Conference on Computer Vision and Pattern Recognition. Salt Lake City：IEEE，2018：7132 - 7141.

[101] WOO S，PARK J，LEE J Y，et al. CBAM：convolutional block attention module ［M］// Cham：Springer International Publishing，2018.

[102] WANG X L，GIRSHICK R，GUPTA A，et al. Non-local neural networks[C]//2018 IEEE/CVF Conference on Computer Vision and Pattern Recognition. Salt Lake City：IEEE，2018：7794 - 7803.

[103] ZHANG Q L，YANG Y B. SA-net：Shuffle attention for deep convolutional neural networks ［C］//ICASSP 2021—2021 IEEE International Conference on Acoustics，Speech and Signal Processing (ICASSP). Toronto：IEEE，2021：2235 - 2239.

[104] HOU Q B，ZHOU D Q，FENG J S. Coordinate attention for efficient mobile network design[C]//2021 IEEE/CVF Conference on Computer Vision and Pattern Recognition (CVPR). Nashville：IEEE，2021：13708 - 13717.

[105] KISANTAL M，WOJNA Z，MURAWSKI J，et al. Augmentation for small object detection［C］//9th International Conference on Advances in Computing and Information Technology (ACITY 2019). Aircc Publishing Corporation，2019：785 - 800.

[106] JIANG N，WANG K R，PENG X K，et al. Anti-UAV：A large-scale benchmark for vision-based UAV tracking[J]. IEEE Trans Multimed，2023，25：486 - 500.

[107] 回丙伟，宋志勇，范红旗，等. 地/空背景下红外图像弱小飞机目标检测跟踪数据集[J]. 中国科学数据，2020，5(3)：291 - 302.

[108] 蔡伟，徐佩伟，杨志勇，等. 复杂背景下红外图像弱小目标检测[J]. 应用光学，2021，42(4)：643 - 650.

[109] 李红光，于若男，丁文锐. 基于深度学习的小目标检测研究进展[J]. 航空学报，2021，42(7)：024691.

[110] YOU Z H，ZHAO M M，CHEN H Y，et al. Olfactory visualization sensor based on densely connected convolutional networks for in situ fruit ripeness prediction [J]. Sens Actuat B Chem，2024，399：134826.

[111] 蒋镕圻，叶泽聪，彭月平，等. 针对弱小无人机目标的轻量级目标检测算法[J]. 激光与光电子学进展，2022，59(8)：109 - 120.

[112] WANG G H，LI Q，WANG N Y，et al. SAFPN：A full semantic feature pyramid network for object detection[J]. Pattern Anal Appl，2023，26(4)：1729 - 1739.

[113] NEUBECK A，VAN GOOL L. Efficient non-maximum suppression［C］//18th International Conference on Pattern Recognition (ICPR'06). Hong Kong：IEEE，2006：850 - 855.

[114] 陈亚晨，韩伟，白雪剑，等. 基于改进 YOLO-v3 的眼机交互模型研究及实现[J]. 科学技术与工程，2021，21(3)：1084 - 1090.

[115] ZHOU Z H，HU Y J，DENG X，et al. Fault detection of train height valve based on nanodet-Resnet101［C］//2021 36th Youth Academic Annual Conference of Chinese Association of Automation (YAC). Nanchang：IEEE，2021：709 - 714.

[116] Shao S S. Quarkdet. QuarkDet implementation lightweight object detection based on PyTorch［EB/OL］. (2021 - 01 - 07)［2021 - 10 - 01］. https://github.com/shaoshengsong/quarkdet.

[117] 郑浦，白宏阳，李伟，等. 复杂背景下的小目标检测算法[J]. 浙江大学学报(工学版)，2020，54(9)：1777 - 1784.

[118] WANG C Y，MARK LIAO H Y，WU Y H，et al. CSPNet：A new backbone that can enhance learning capability of CNN［C］//2020 IEEE/CVF Conference on Computer Vision and Pattern Recognition Workshops (CVPRW). Seattle：IEEE，2020：1571 - 1580.

[119] HE K M，ZHANG X Y，REN S Q，et al. Spatial pyramid pooling in deep convolutional networks for visual recognition[J]. IEEE Trans Pattern Anal Mach

Intell，2015，37(9)：1904 – 1916.

[120] LIU S，QI L，QIN H F，et al. Path aggregation network for instance segmentation[C]//2018 IEEE/CVF Conference on Computer Vision and Pattern Recognition. Salt Lake City：IEEE，2018：8759 – 8768.

[121] MAHESWARI G，GOPALAKRISHNAN S. A smart multimodal framework based on squeeze excitation capsule network (SECNet) model for disease diagnosis using dissimilar medical images [J]. International Journal of Information Technology，2024，(prepublish)：1 – 19.

[122] ZHU M H，JIAO L C，LIU F，et al. Residual spectral – spatial attention network for hyperspectral image classification[J]. IEEE Trans Geosci Remote Sens，2021，59(1)：449 – 462.

[123] LIN T Y，ROYCHOWDHURY A，MAJI S. Bilinear convolutional neural networks for fine-grained visual recognition[J]. IEEE Trans Pattern Anal Mach Intell，2018，40(6)：1309 – 1322.

[124] RAZAKARIVONY S，JURIE F. Vehicle detection in aerial imagery：A small target detection benchmark[J]. J Vis Commun Image Represent，2016，34：187 – 203.

[125] 蒋镕圻，彭月平，谢文宣，等. 嵌入 scSE 模块的改进 YOLOv4 小目标检测算法[J]. 图学学报，2021，42(4)：546 – 555.

[126] DENG Z R，YANG R，LAN R S，et al. SE-IYOLOV3：An accurate small scale face detector for outdoor security[J]. Mathematics，2020，8(1)：93.

[127] LEE Y，PARK J. CenterMask：Real-time anchor-free instance segmentation[C]// 2020 IEEE/CVF Conference on Computer Vision and Pattern Recognition (CVPR). Seattle：IEEE，2020：13903 – 13912.

[128] LIN T Y，GOYAL P，GIRSHICK R，et al. Focal loss for dense object detection [C]//2017 IEEE International Conference on Computer Vision (ICCV).Venice：IEEE，2017：2999 – 3007.

[129] KRIZHEVSKY A，SUTSKEVER I，HINTON G E. ImageNet classification with deep convolutional neural networks[J]. Commun ACM，2012，60：84 – 90.

[130] HE K M，ZHANG X Y，REN S Q，et al. Deep residual learning for image recognition [C]//2016 IEEE Conference on Computer Vision and Pattern Recognition (CVPR). Las Vegas：IEEE，2016：770 – 778.

[131] HUANG G，LIU Z，VAN DER MAATEN L，et al. Densely connected convolutional networks [C]//2017 IEEE Conference on Computer Vision and Pattern Recognition (CVPR). Honolulu：IEEE，2017：2261 – 2269.

[132] IANDOLA F N，HAN S，MOSKEWICZ M W，et al. SqueezeNet：AlexNet-level accuracy with 50x fewer parameters and < 0.5 MB model size [EB/OL]. (2016 – 02 – 24) [2024 – 04 – 30]. https://arxiv.org/abs/1602.07360.

[133] HOWARD A G, ZHU M, CHEN B, et al. Mobilenets：Efficient convolutional neural networks for mobile vision applications[EB/OL].(2017－04－17)［2024－04－30］. https：//arxiv.org/abs/1704.04861v1.

[134] SANDLER M, HOWARD A, ZHU M L, et al. MobileNetV2：Inverted residuals and linear bottlenecks[C]//2018 IEEE/CVF Conference on Computer Vision and Pattern Recognition. Salt Lake City：IEEE, 2018：4510－4520.

[135] HAN K, WANG Y H, TIAN Q, et al. GhostNet：More features from cheap operations[C]//2020 IEEE/CVF Conference on Computer Vision and Pattern Recognition (CVPR). Seattle：IEEE, 2020：1577－1586.

[136] CHEN Q, WANG Y M, YANG T, et al. You only look one-level feature[C]// 2021 IEEE/CVF Conference on Computer Vision and Pattern Recognition (CVPR).Nashville：IEEE, 2021：13034－13043.

[137] LUO W J, LI Y J, URTASUN R, et al. Understanding the effective receptive field in deep convolutional neural networks[C]// Proceedings of the 30th International Conference on Neural Information Processing Systems. Curran Associates Inc. Barcelona Spain.2016：4905－4913.

[138] 付应娜. 基于多样性感受野和注意力机制的 FCOS 目标检测算法研究[D]. 合肥：合肥工业大学, 2021.

[139] WANG F, JIANG M Q, QIAN C, et al. Residual attention network for image classification［C]//2017 IEEE Conference on Computer Vision and Pattern Recognition (CVPR). Honolulu：IEEE, 2017：6450－6458.

[140] ROY A G, NAVAB N, WACHINGER C. Concurrent spatial and channel 'squeeze & excitation' in fully convolutional networks[M]//Cham：Springer International Publishing, 2018.

[141] LIN T Y, DOLLÁR P, GIRSHICK R, et al. Feature pyramid networks for object detection［C]//2017 IEEE Conference on Computer Vision and Pattern Recognition (CVPR). Honolulu：IEEE, 2017：936－944.

[142] TIAN Z, SHEN C H, CHEN H, et al. FCOS：Fully convolutional one-stage object detection[C]//2019 IEEE/CVF International Conference on Computer Vision (ICCV). Seoul：IEEE, 2019：9626－9635.

[143] DONG H, PAN J S, XIANG L, et al. Multi-scale boosted dehazing network with dense feature fusion[C]//2020 IEEE/CVF Conference on Computer Vision and Pattern Recognition (CVPR). Seattle：IEEE, 2020：2154－2164.

[144] ZHANG H, SINDAGI V, PATEL V M. Multi-scale single image dehazing using perceptual pyramid deep network[C]//2018 IEEE/CVF Conference on Computer Vision and Pattern Recognition Workshops (CVPRW). Salt Lake City：IEEE, 2018：1015－101509.

[145] RADOSAVOVIC I, KOSARAJU R P, GIRSHICK R, et al. Designing network

design spaces[C]//2020 IEEE/CVF Conference on Computer Vision and Pattern Recognition (CVPR). Seattle:IEEE,2020:10425 – 10433.

[146] LIU S,HUANG D,WANG Y. Learning spatial fusion for single-shot object detection[EB /OL]. (2019 – 11 – 21) [2024 – 04 – 30]. https://doi.org/10.48550/arXiv.1911.09516.

[147] Ge Z , Liu S , Wang F ,et al. YOLOX:Exceeding YOLO Series in 2021[EB/OL]. (2021 – 06 – 18) [2024 – 04 – 30]. https://doi.org/10.48550/arXiv.2107.08430.